JN155254

宇宙戦争を告げるUFO

知的生命体が地球人に発した警告

元航空自衛隊空将
佐藤 守

講談社

まえがき――ＮＡＳＡの探査機が火星で撮影したＵＦＯ

アメリカ航空宇宙局（ＮＡＳＡ）が運営する探査機「キュリオシティ」が、火星上で活動していることはご存じでしょう。ＮＡＳＡはキュリオシティが撮影した画像を世界に公開していますから、天文ファンはもとより、ＵＦＯ（未確認飛行物体）に関心を持つ人たちも画像を解析しています。

すると二〇一六年夏、キュリオシティが火星上空を浮遊するＵＦＯを撮影していたことが判明し、世界中の研究家たちに動揺が広がりました。

三ページ下の画像がキュリオシティ本体ですが、その首のような部分に装着されていた高性能カメラが、二〇一四年三月一六日に撮影したものが公開されました。そのなかの画像の一枚に、ＵＦＯらしきものが写っていました。

これに気が付いたのが、地球外生命体を探しているはずの研究者ではなく、ＹｏｕＴｕ

ｂｅのユーザーだったというのが、何とも現代らしい話です。

左ページ上の画像がそれ。ＵＦＯらしきものは丸で囲まれています。拡大するときれいな球体で、明らかに、地表など他の風景と異なっています。

火星から送られてくる画像には、これまでも正体不明のものが写り込んでいたので、そのたびにネット上では、火星にはＵＦＯの基地がある、あるいは宇宙人が写り込んでいるなどと騒がれました。

五ページの画像は、二〇一四年六月二三日にＮＡＳＡが公開したもの。キュリオシティの右側ナビゲーション・カメラが、山脈の上に明るい光が現れるのを捉えたのです。その三一秒後、左側ナビゲーション・カメラが、火星の表面に近づいたように見える光の画像を撮影しました。

カメラの製作責任者は、「キュリオシティから受け取った何千もの画像のなかに、ほぼ毎週、明るい点が写っている」と述べています。そして、「最も可能性の高い説明をすると、宇宙線同士の衝突か、または岩面に反射した日光が引き起こした可能性がある」としています。

いままでも多くの宇宙飛行士たちが、月面や宇宙空間でＵＦＯらしきものを目撃してい

まえがき――ＮＡＳＡの探査機が火星で撮影したＵＦＯ

火星上空を飛ぶUFO（写真：NASA）

火星のキュリオシティ（写真：NASA）

たのですが、「地表のホコリがレンズに付いたのだろう」とか、「水滴が付着したか、または何らかの傷だろう」といわれて話は終わり。いまだにUFOの存在は懐疑的に受け止められているのが現状です。しかし、今回はそうとはいい切れない……。

ところがUFO研究家スコット・ウェアリング氏は、「これは地球外生命体に帰属する宇宙船ではなく、NASAとアメリカ空軍が極秘裏に火星で飛ばしているドローンである可能性が高い」というのです。

氏は、「NASAとアメリカ空軍は火星に文明の痕跡が残されていることを知っているため、空から、それらを記録しているのだ」といいます。だとすれば、人類が知らないうちに、火星では、アメリカ政府によって高度な活動が行われていたということになります。

さらにドローンが飛行できる環境であるということは、火星には微かだとはいえ「空気」が存在していることを示しています。

加えて二〇一六年一二月二〇日付のイギリス「デイリー・エクスプレス」紙は、「火星には現在も水が液体の状態、それも少量の水ではなく、湖や大地を流れる川として存在する」と報じました。しかも、NASAにはそれを示す画像や映像があるというのです。事

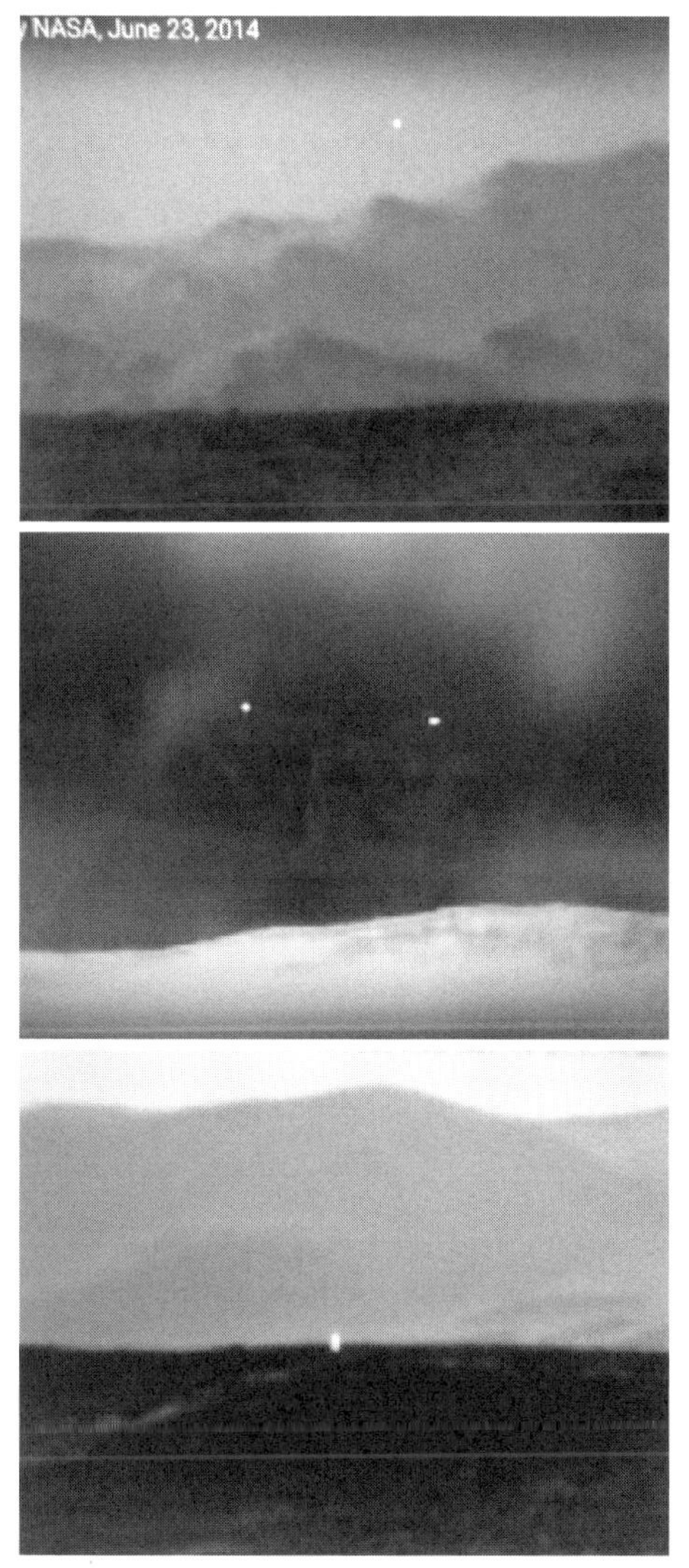

キュリオシティのカメラが捉えた光（写真：NASA）

実ならば、火星に生物が住んでいる公算は非常に大きく、既に地球人の火星移住は夢物語ではないといえます。

このように、いままで公開されていなかった事実を隠しおおせなくなってきたのか、アメリカでは最近、UFOなどに関する情報公開が盛んになってきています。

そんななか、わが国でも、二〇一七年一月にNHKが「クローズアップ現代」で、「宇宙から謎の信号？　地球外生命を追う」を放映しました。そのなかではスティーブン・ホーキング博士が、「いま地球外生命を見つける時が来た」と語り、解説した国立天文台副台長の渡部潤一（わたなべじゅんいち）氏は、最近、特に知的生命に関心が高まった理由として、観測技術の進化と、宇宙に知的生命が住める場所がたくさん見つかったことを挙げました。そして、「地球外生命については今後一〇〜二〇年で見つかると我々は信じている」と語り、近い将来起きるであろう地球外生命体の発見に対する人類のプロトコル（外交儀礼）の必要性を説きました。

また二〇一四年四月一七日、「太陽以外の恒星のハビタブルゾーン（生命居住可能領域）内に存在する地球サイズの惑星」が初めて発見されたとの研究論文が、アメリカの科学誌「サイエンス」に掲載され、「太陽系外に存在する可能性のある生命を探す試み」に弾みがつきました。ＮＡＳＡのケプラー宇宙望遠鏡による観測で見つかったものです。

すると二〇一七年二月二二日には、「地球からわずか三九光年離れた銀河系内に、地球に似た七つの惑星を持つ恒星系を発見した」との論文が発表されました。「太陽系外生命体の探査において、これまでで最も有望な領域を提供する驚くべき発見だ」とＡＦＰは報じています。

イギリスの科学誌「ネイチャー」に発表された論文によると、「七惑星はすべて地球に近い大きさと質量を持ち、岩石惑星であることはほぼ確実」とされています。そのうちの三惑星には「生命を育む海が存在可能な環境」があるので、論文を共同執筆したケンブリッジ大学のアモリ・トリオー教授は記者会見で、「生命体の発見に向け極めて重要な前進となった」「これまでは、（生命体を）発見できるふさわしい惑星がなかった。ついに適切な目標を見つけた」と述べています。

この発見で最も重要なことは、「七惑星が地球に近く、主星である赤色矮星『トラピスト1』の光も弱いため、個々の惑星の大気を観測して生命活動の化学的痕跡を探すことが可能」とされる点です。

共同通信も、「太陽系の外にある恒星を回る惑星。存在が予想されながら長く見つかっていなかったが、観測技術の向上で一九九〇年代に初めて発見された。恒星の手前を惑星が横切る際にわずかに暗くなる現象を捉えるNASAのケプラー宇宙望遠鏡の観測などにより、既に三千個以上を確認。主に岩石でできていて、恒星からの距離が近すぎず遠すぎない場合は、液体の水が存在して生命を育むことができる『地球型惑星』の可能性がある」と報じています。

特に最近、太陽系外惑星が次々と発見されている理由は、ハッブル宇宙望遠鏡やケプラー宇宙望遠鏡など、観測器機の発達によるものです。加えてNASAが世界中に画像を提供したので、研究者たちはもとよりアマチュア観測者たちの関心が高まり、発見率が一気に向上したのでしょう。

ハッブル宇宙望遠鏡は、一九九〇年四月、スペースシャトル「ディスカバリー」によって打ち上げられた大型宇宙望遠鏡ですが、計画されてから打ち上げまでに一〇年近い年月を要しました。そして一九九三年一二月に初のミッションを開始しますが、大気や天候によって影響を受ける地上からでは困難な高い精度で、天体観測をすることが可能になりました。

現在は、アメリカだけでも三〇個以上の望遠鏡を宇宙空間で運用しているといわれますが、近年になって太陽系外惑星の発見数が急増したのは、二〇〇九年にNASAによって打ち上げられた探査衛星「ケプラー」の成果でしょう。

NASAの統計を見ると、ハッブル宇宙望遠鏡による一九九六年以降、二〇〇八年までの約一〇年間の年間発見数は平均四〇個程度で、二〇一三年までの総発見数は一二〇〇個に満たなかった。それが二〇一四年になると、一年だけで一気に八〇〇個以上の新たな発見がなされています。

「サイエンス」の記事には、「そう遠くない未来、地球にもしものことがあった場合、このうちのどれかの惑星に人類がコロニーを形成する可能性はゼロではないのかもしれない」とあります。

実際、発見された七惑星はすべて地球に近い大きさと質量を持ち、岩石惑星であることはほぼ確実。そのなかの三惑星は「生命を育む海が存在可能な環境」だといいます。もしかしたら既に「知的生命体」が生息しているかもしれません。

ということは、いま地球人が各地で目撃している「UFO」には知的生命体が搭乗しているという公算が高いということでもあります。これからNASAが公表する情報が、ますます楽しみになってきました。

いずれにせよＵＦＯや地球外生命体の研究は、機材の驚異的な進歩により、地球の空だけを眺めているのでは不十分な時代に突入したのです。

目次◉宇宙戦争を告げるＵＦＯ　知的生命体が地球人に発した警告

第三章　ＥＴコンタクター

第四章　すべての情報が公開される日

第五章　宇宙の資源争奪戦争

宇宙戦争を告げるＵＦＯ

知的生命体が地球人に発した警告

第一章　最先端の宇宙探査技術の成果

「人類が火星の地に降り立つ日」

二〇一五年の暮れに、何気なく「ニューズウィーク日本版（新年合併号）」を手にした私は驚きました。

「二〇一六年の国際情勢を占う」という題で講演する予定になっていた私は、各種の情報を集めていました。すると、この雑誌の「人類が火星の地に降り立つ日」という、NASAのチーフサイエンティスト、エレン・ストファン氏の記事が目に留まったのです。

記事では、火星に一人取り残された宇宙飛行士マーク・ワトニーを、NASAが救出に当たる筋書きの映画『オデッセイ』に言及。「不可能に挑む人間の底力を照らし出す。同時にそこでは、宇宙探査の未来を垣間見る(かいまみる)ことができる」とし、NASAが二〇三〇年代半ばまでに人間を火星に送り込むという、二〇一五年一〇月に発表した報告書「NASA火星への旅――宇宙探査の新たな段階を開拓する」の大胆な目標を紹介しています。

「技術的な手順としては、国際宇宙ステーション（ISS）の実験や研究に続いて、ISSが活動する低軌道（高度500～2000キロ程度）より遠くまで人間を運ぶ。これに成功すれば、数日で地球に帰還できる宇宙空間を、深宇宙を想定した『性能試験場』と見な

「ニューズウィーク日本版」の特集

し、さまざまな実験ができるようになる」

さらに次のように続きます。

映画『オデッセイ』と異なるのは、火星の有人探査はNASAが独占する舞台ではなくなり、今後は火星に人間を送るために世界中から人や資源が集結し、民間の協力も得ていくという点です。

既に世界中の宇宙機関が協力して、宇宙空間についての知識を深めています。ISSの開発と運用には一五ヵ国が参加し、人間が宇宙に長期滞在する際の健康リスクを軽減するための重要な研究も進んでいます。同様にNASAは、国際社会と協力しながら火星の無人探査を続けており、二〇一二年に火星に着陸した無人火星探査機

「キュリオシティ」では、搭載している観測機器の共同開発に五ヵ国が参加しています。たとえば気象観測センサーは、スペインの宇宙生物学センターが製造しています。

そして記事では、以下のようにも述べています。

「NASAの新型宇宙船オリオンはスペースシャトルの後継機で、月よりさらに遠くまで宇宙飛行士を運ぶことを目指す」

「民間企業も宇宙開発の一翼を担う。スペースX社とオービタルATK社は、無人補給船でISSに貨物を輸送する契約をNASAと結んでいる。ボーイングとスペースXが開発している宇宙船は、18年にもISSに宇宙飛行士を運ぶ計画だ。3Dプリンターを使ってISS内で交換部品などを作成し、長期滞在を支える実験も進んでいる」

「火星は地球以外で生命体を発見できる可能性が最も高い場所。生命の維持に不可欠な水は、かつて火星の表面に10億年近くの間存在していた。地球上の生命の進化について分かっていることをもとに考えれば、火星でも生命が誕生していた可能性はある」

そうして二〇一五年秋、NASAは、火星の地表に液体状の水が存在する有力な証拠を見つけたと発表しました。

原子の先を見るためインドでヨガを

さて、私が航空自衛隊の松島基地司令時代、防衛産業の電機メーカー社長らの一行が基地見学に訪れたときの夕食会でのことです。ブルーインパルスを見学するなど、東京では体験できない経験をした一行は、少し興奮気味でしたが、私は京都大学で電子工学を学んだ社長に、「科学とは何か」というテーマをぶつけてみました。

——この世にある物質をどんどん細分化していった場合、最終的には原子になるが、原子はさらに原子核と電子によって構成されている、とされる。そこでさらに分解していくと、電子よりもごく微細な目に見えない何物かがあるのかもしれない。いま最小の質量を持つものだと定義されている電子も、いずれさらに分解されていくだろう。するとその先には何があるのか？　現在は、その先には壁があって、誰も見ることはできない。その壁の裏側を見ることができる能力を持つ者を、科学者ではなく超能力者と呼んでいるのではないか？

私の話をじっと聞いていた社長は真剣に、こう話しだしました。

「……司令、実はその壁を越えたであろう方を、私は知っているのです。京都大学の先輩で電子工学の大家だったのですが、あるとき突然、退社願を出したのです。非常に有能な方だったのですが、意志は固く、ついに退社してしまいました。

ところがです……のちに知ったのですが、この先輩はインドに行き、ヨガに没頭しているというのです。多分、電子の壁の裏側を見てしまったのではないか、そう私は思っているのです」

このとき私は、科学と非科学の隙間(すきま)を見た気がしました。きっと、この人物が電子を分解していって突き当たった壁の先、そこに見えた世界も、やがては理論的には解明される日が訪れるのかもしれません。

このように、UFOのような一般人はなかなか目撃しない物体や、逆に一部の者にしか見えない霊魂と呼ばれる存在などを、現代科学は一切、認めようとしません。

しかしながら、そんな科学は、たとえば科学では説明できない「インスピレーション」を受けた科学者が仮説を立てることから始まります。

このように科学では、仮説を証明するための器具の発達が重要です。つまり、どんなに素晴らしい仮説を立てても、それを証明する測定機器が発達していなければ、ただの空想に終わってしまうのです。ならばUFOも、科学的に証明できないだけで、ことによると現在の科学が、UFOという仮説に追いついていないだけかもしれません。

半世紀後に実現した「壁掛けテレビ」

私がまだ高校生だった一九五六年頃の話です。航空機、とりわけ戦闘機が好きだった私は、厚紙などで模型を製作することが好きでした。そして完成すると、自宅前の道路を滑走路に見立てて写真に撮り、航空雑誌に投稿していたものです。するとある日、この写真が航空雑誌の読者欄に採用されました。

当時、初の国産ジェット機として開発が公表されたのは富士重工のT1F1（その後T－1と呼称）中間ジェット練習機でした。国産機開発を喜び、高校生という身分をも顧みず、開発成功を祈って富士重工の技術者にエールを送ったのですが、その縁で、のちに園(その)田隆平(だりゅうへい)さんという早稲田大学理工学部に在籍中の方から手紙が来ました。こうして以後、ペンフレンドになったのです。

ある日の手紙のなかには「壁掛けテレビ」の話が書かれていました。簡単な構造を示した図面もありましたが、私にはチンプンカンプンでした。一九五三年に国産第一号が発売されたテレビは、まだ高嶺(たかね)の花でしたが、園田さんは実に先進的な「壁掛けテレビ」の話をしてくれたのです。

しかし、いま考えてみれば、「壁掛けテレビ」とは、現在では当たり前のようになっている「液晶テレビ」のことです。私は科学の進歩という話になると、いつもこのことを思い出します。

園田さんは、「理論は完成しているのですが、それを支える技術と素材が発見されていないから、すぐには『壁掛けテレビ』は製品化できない。当初はブラウン管を使用した箱型が普及するでしょう」といっていました。

その後、一九八三年になって、エプソンが液晶のポケット型カラーテレビを開発します。これは世界初の液晶テレビでしたが、園田さんが「予言」してから、二七年後のことでした。日本国内で、この「壁掛けテレビ」が普及し始めるのは二〇〇三年頃からですから、園田さんの手紙から、実に半世紀が経っています。

この例からも分かるように、科学はテクノロジーの発展と密接に結びついているのです。優れた理論が発表されても、その理論を実現できるまでには、早くても半世紀くらいはかかるという事実の証明です。

現在、私たち現代人は、驚異的な望遠鏡の発達によって宇宙空間を身近な存在に感じていますが、昔は宇宙旅行は夢であり、小説の世界の話に過ぎませんでした。半世紀後、私たちが宇宙で目撃する現実は、どのようなものなのでしょうか。

最新装置で証明される科学の真実

また、二〇一五年には、東京大学宇宙線研究所の梶田隆章（かじたたかあき）教授がノーベル物理学賞に輝きました。これは「素粒子ニュートリノに質量があることを証明し、半世紀近くに及ぶ大きな謎を解き明かした」成果でした。一九五六年のニュートリノの発見以来、大きな謎だった質量の有無について、岐阜県飛騨市神岡町に設置された観測装置スーパーカミオカンデによる観測が成功した結果でした。

このように、最新鋭測定機器が存在しなければ証明できない科学の不備をどう考えるか、それがこれからの科学の問題になるでしょう。

たとえばアインシュタインが予言した「重力波」は、二〇一六年二月にアメリカのチームによって世界で初めて検出され、一〇〇年かかって存在が証明されました。これは光では見えない「暗黒宇宙」の姿をとらえるために画期的な成果で、新たな天文学や物理学に道を開く世紀の発見です。これもやはり、大規模な実験装置から得られた成果です。

ことほどさように、フリーエネルギーや重力波など最先端科学の分野では、巨人な設備があって初めて仮説が証明されるという事実は明らかです。

UFO問題も、何か未来のブレイクスルーで、人類共通の知見が生まれるかもしれません。戦国時代には、侍は戦闘機を想像できませんでした。あるいは第二次世界大戦時、帝国陸海軍将兵はスマホが無線機の代わりになる時代などイメージできませんでした。しかしテクノロジーは、驚異のスピードで進化するのです。

新発見ラッシュに日本は

テクノロジーの進化を裏付けるように、いま連日のように宇宙での新発見が報じられています。


〈「土星の衛星エンケラドスに熱水環境が存在か」(二〇一五年三月一二日「朝日新聞デジタル」)〉

土星の衛星の一つ「エンケラドス」に、生命が生息できる環境が存在する可能性が高いとする研究結果を日米欧チームが発表した。探査機の観測などで衛星の地下にある海の底の熱水活動でできた物質を確認。地球の海底で熱水が噴出している場所は多様な微生物が

生息し、生命誕生の場の一つと言われ、エンケラドスに似た場があると考えられるという〉

〈「ハビタブル（生命の存在可能な）惑星」（二〇一五年一二月一八日「ＣＮＮ電子版」要約）

これまで発見されたハビタブル惑星のなかで地球に最も近いこの惑星は、地球から一四光年の距離にある赤色矮星「ウルフ１０６１」を周回する三つの惑星の一つで「ウルフ１０６１ｃ」。

オーストラリアのニューサウスウェールズ大学の研究チームが発見した。この惑星は、極端な暑さや寒さにさらされない「ゴルディロックス＝ハビタブル」圏内にあり、液体の水が存在し得ることが分かった。研究チームを率いるダンカン・ライト氏は、「これまで見つかったハビタブル惑星のなかで、これほど地球に近いものはほかにない。これだけの近さであれば、もっと多くのことが分かる良い機会となる」と話した〉

〈「太陽系に九番目惑星か、米工科大」（二〇一六年一月二一日「共同通信」）

米カリフォルニア工科大のチームは二〇日、海王星の外側に新たな惑星が存在する可能性があると発表した。実際に観測によって見つかると、太陽系の第九惑星になると期待される。

チームによると、惑星は地球の一〇倍程度の質量があり、太陽から約四五億キロ離れた海王星よりも二〇倍離れた軌道を回っている。太陽の周りを一周するのに一万〜二万年かかるという〉

こうしたなか、遅ればせながら日本政府も「宇宙開発戦略本部」を立ち上げ、宇宙基本計画が定められています。政府の宇宙政策委員会が、二〇一五年一一月に、日本初の月面着陸機「ＳＬＩＭ」（スリム）の打ち上げを盛り込んだ工程表の素案を公表したのです。

〈日本は旧ソ連、米国、中国に続く無人月面着陸に挑む。

素案は宇宙航空研究開発機構（ＪＡＸＡ）が計画するスリムについて「開発に着手し、平成31年度の打ち上げを目指す」と明記した。開発費は１８０億円。着陸場所や探査内容は決まっていない。

各国の月探査機の着陸場所は目標から１キロ以上の誤差があったが、スリムはデジタルカメラの顔認識技術を応用し、誤差を１００メートルに抑える着陸を目指す。国産小型ロケット「イプシロン」で打ち上げる〉（二〇一五年一一月一一日「産経新聞」）

こうした日本の宇宙開発計画は、誠実に国際条約を遵守しようという姿勢が打ち出されています。そして「宇宙憲章」と呼ばれるのが、「月その他の天体を含む宇宙空間の探査及び利用における国家活動を律する原則に関する条約」である、一九六七年一〇月一〇日発効の宇宙条約。ここでは、宇宙の軍事利用を禁止しているのですが、皮肉にもいまは、大陸間弾道弾（ＩＣＢＭ）などが飛び交う空間となっています。

宇宙ステーションにおける日本の役割

宇宙をめぐるニュースは枚挙に遑がありません。とりわけ最近の大きな話題は、宇宙ステーションに関するものでしょう。アメリカが提案する国際宇宙ステーション（ＩＳＳ）の二〇二四年までの運用延長に、日本が参加することが決まったからです。

宇宙飛行士として有名になった油井亀美也さんは、私の後輩です。航空自衛隊でＦ－15

戦闘機に乗っていました。ＩＳＳに長期滞在して帰還した直後の記者会見では、「宇宙で日本が存在感を出していることに気付けて素晴らしかった」と語っています。

油井さんは、宇宙ステーション滞在中、日本の無人補給機「こうのとり」をロボットアームを操作してドッキングさせる重責を果たしました。その前には、若田光一さんが船長を務めるなど、日本人飛行士の技術の確かさと協調性は高く評価されています。

しかし、ＩＳＳ計画には年間約四〇〇億円、累計で九〇〇〇億円もの国費が投じられてきました。にもかかわらず、「無重力を利用した新素材や新薬の開発で、当初期待されたような成果が出せていない」といわれています。

そこで政府は、アジア諸国に宇宙実験の機会を提供することを条件に、アメリカが提案した運用延長に同意したのですが、最も大事なのは、宇宙開発が日本の安全保障上どのような位置づけにあるか、ということでしょう。そうした大きな国家戦略が覗えないところが気がかりです。

宇宙飛行士の活動や実験の成果を、国民に広く伝えていく努力も必要ですが、純粋な科学的探査とは考えられない中国などの宇宙開発事業の目的を知るならば、「宇宙戦争」の危機が迫っていることも考えるべきであり、それに対する国家基本戦略が必要ではないでしょうか。

にもかかわらず、日本の「宇宙基本計画」は、実用衛星や宇宙産業の振興に重点をおいたものにとどまり、有人活動に関しては「慎重かつ総合的に検討を行う」とされているだけです。いまだに官僚の作文臭がして残念です。

日本人が火星に降り立つ日

二〇一六年五月、火星が地球と大接近し、天文ファンの関心も高まりました。そうした条件も重なったからか、二〇一六年は火星がキーワードになった感があります。

それと軌を一にしたかのように、各国の火星探査計画も続々と動きだしました。火星に人類を送り込む計画も脚光を浴びました。かねて、地球人は火星探険と「クラゲのような火星人」に強い関心を持っていましたが、ようやく実現する時が訪れたようです。

二〇一五年一二月六日、共同通信は、以下のように報じています。

〈パリ郊外で開催中の国連気候変動枠組み条約第二一回締約国会議（ＣＯＰ21）の会場で五日、野口聡一さん（五〇）や山崎直子さん（四四）ら各国の宇宙飛行士によるビデオメッセージが上映された。飛行士らは地球の環境が危機にひんしている現状を訴え、会議の成功を祈った。

野口さんは「私たちは宇宙の一員。環境を守るため、力を合わせて行動する必要がある」と述べ「今日できることから始めよう」と呼び掛けた。

山崎さんは宇宙から見た地球を「息をのむ（光景）」と表現。ただ「同時に、気候変動につながる森林破壊などが起きていることに気付く」とコメントした〉

やはり日本人の宇宙開発に対する考え方は特別です。諸外国は資源探査を主とする利己的な考え方であるのに対し、わが国は利他的でどこかロマンチックなものさえ感じます。これも、古来『竹取物語』のようなストーリーを育み、慣れ親しんできたからなのでしょう。

いまや宇宙空間は、地球人の進出で沸き返っているように見えます。人類が手にした最新技術で、これまでは見上げて空想にふけるしかなかった月や星に手が届くようになりました。

結果、「資源を見つけてやろう」という野望に火が点いたのです。ただ、宇宙空間までをも地球人が支配してしまおうというのは、いささか傲慢（ごうまん）ではないでしょうか。

宇宙にほかの知的生命体がいるとしたら、「地球人が宇宙に戦争を持ち込もうとしている」と、危惧（きぐ）しているに違いありません。もちろん、わが国の金星探査機「あかつき」に見られるような、まじめな学術的探査も進みつつありますが。

先述したカリフォルニア工科大学チームが予測した海王星外側の新惑星や、オーストラリアのニューサウスウェールズ大学チームが発見した生命の存在可能な惑星などは、心が躍る画期的な発見だといえるでしょう。これらの研究が、やがて地球人以外の知的生命体の存在を実証していくでしょう。

第二章　私と自衛官たちのＵＦＯ接近遭遇

次々に届くＵＦＯの目撃情報

私は二〇一〇年に、『実録　自衛隊パイロットたちが接近遭遇したＵＦＯ』を出版しました。その担当編集者は、なぜ私にたどり着いたのか？　実は、航空自衛隊員に聞き込んだところ、いつも返ってくる答えが「ＵＦＯなら佐藤空将でしょう」だったのだそうです。

部下たちがそう答えたのには理由があります。一九七九年一〇月三一日の夕刻、私は西九州上空を高高度で飛行していました。その私が操縦するＦ－４ファントム戦闘機が、ＵＦＯに間違えられたのです。地上ではちょっとした騒ぎになり、西日本新聞に写真入りで掲載されたのでした。

このときは、Ｆ－４の酸素系統が故障したため高度を下げるべく、ジグザグに急降下、無事に着陸しました。ところが降下する機体に夕日が反射し、地上から見ると、ＵＦＯに見えたらしいのです。それから自衛隊では、「ＵＦＯ＝佐藤」ということになったのでした。

ところが三四年間、航空自衛官として空中で勤務した私は、いわゆるＵＦＯ（＝空飛ぶ円盤など）の目撃体験はありませんでした。ただ悪天下、九州の築城基地（福岡県）から埼玉の入間基地まで飛行したときに、奇妙な経験をしたことはあります。

それは、離陸から着陸直前まで大荒れの一時間余の雲中飛行でしたが、着陸直前に突如「光のカプセル」に包まれたかのような状態にあったという経験です。

その後、著書を読んだ多くの方々から手紙などをいただいたのですが、そのなかで特筆すべきものは、後輩のパイロットが小松基地（石川県）からスクランブルして帰投中に、茶筒のような物体に遭遇したという事例でした。

このパイロットは、実は写真の撮影に成功しました。ところが、その報告書は、なぜか行方不明になってしまったのです……。

こんな報告もありました。

「未確認飛行物体かどうかはわかりませんが、私も過去、説明のつかない体験をしています。最初は、百里基地（茨城県）からＧ空域（能登半島沖の日本海上空域）で行われた夜間演習に上がり、終わってから百里基地に帰投する際、海上から丸い雲が拡大し、ついには編隊ごと飲み込まれました」

これは、私の「光のカプセル」の体験に酷似しているように思えます。

また、このパイロットは、こんなこともいっています。

「百里基地から日本海に向けて夜間にスクランブルに上がり、国籍不明機から離れた位置でCAP（戦闘哨戒飛行）中、水平線方向に赤い光点を長時間視認しました。百武彗星（一九九六年一月に発見され、地球最接近時0等級となった大型彗星）も視認しましたが、この赤い光とは別方向でした。いずれも、私だけでなく僚機も視認しており、事後報告も行いましたが、『赤い光点』については、米軍からも質問を受けました」

……当時から、米軍はUFOに関心を持っていたということでしょう。

東北自動車道で遭遇したUFO

実際、第二次世界大戦中も、米空軍のパイロットが正体不明の飛行物体と遭遇したことが数多く報告されています。有名なのは、戦時中「フー・ファイター」（幽霊戦闘機）」と呼ばれ、米空軍泣かせだった不明物体……敵か味方か識別できないうちに消える怪しげな飛行物体でしたから、米軍では「フー・ファイターはヒトラーが開発中の新兵器ではないか？」と疑念を持たれていました。しかし、結論が出ないまま戦争は終わります。

ところが、ナチスの「UFO戦闘機」が米軍戦闘機を次々に撃墜したケースが、当時の

「ヘラルド・トリビューン」紙に掲載されています。

〈第二次世界大戦の末期、ドイツ上空に無気味な光を放つ小型の飛行物体が頻繁に出現した。典型的な目撃ケースは、一九四四年一一月二三日午後一〇時すぎ、ドイツのライン川上空で発生した事件である。アメリカ第四一五野戦戦闘機中隊パイロットのエドワード・シュルター大尉は、編隊を組み超スピードで飛行する八〜一〇個の火球に遭遇した。さらに、同中隊は一二月二七日、また一二月二二日、二四日と、相次いで同様の火球を目撃した〉

一九四七年、アメリカの青年実業家、ケネス・アーノルドが、ワシントン州レーニア山上空を飛行中に九個の発光体と遭遇した「アーノルド事件」も有名です。アーノルドが、その形が「お皿が飛んでいるようだった」といったため、世界中で「フライング・ソーサー（空飛ぶ円盤）」として有名になりました。

しかし最近では、「発光体」説が頻繁に取り上げられるようになりました。

私に体験談を語ってくれた自衛隊員たちの証言内容を確認すると、「白い発光体」であることが多く（なかには「黒い球状の物体」だったこともありますが）、必ずしも「フライング・ソーサー（空飛ぶ円盤）」に限定されていないことに気が付きます。

そして、現役時代には、いわゆる「空飛ぶ円盤」を目撃した体験がなかった私も、退官後の二〇一一年七月一〇日の夕刻、銀色の物体を目撃しました。

この日、福島市での墓参りと石巻市（宮城県）の神社参拝を終えて、一路、東北自動車道を南下していたのですが、進行方向右側の夕焼け空のなかに、輝く奇妙な物体を目撃したのです。

雲の裂け間に見えるその大きな物体は、オレンジ色の斜めに傾いたレンズ型の雲のようでした。ところがよく見ると、その周辺に銀色の小さな丸い雲のようなものが動き回っているのです。

ただ高速道を運転中ですから、目標をじっと注目することができません。断続的に視認しながら家内に、「あれはＵＦＯじゃないか？」といいました。が、助手席からはよく見えなかったようです。しかし走行中にクロスチェック（異なった観点から点検すること）していた私は、周辺の雲がどんどん変化していくにもかかわらず、レンズ型の「雲」だけは、まったく変化していないことに気が付きました。

その後、埼玉県の蓮田(はすだ)サービスエリアで休憩後、息子と運転を交代したのですが、今度は前席の息子と家内が、「あっ、空で何か動いた、ＵＦＯだ！」と騒ぎだしたのです。福島県から関東までの長い道のりだったにもかかわらず、ＵＦＯと思(おぼ)しき物体は、変化することなく府中インターチェンジまで、まるで私たちを監視するかのようについてきました。そして一般道に降りたとき、忽然(こつぜん)と姿を消したのです。私たちは、「これは間違いなくＵＦＯだ」と確信しました。

第二次世界大戦後、アメリカ本土上空で頻繁に目撃されるようになった発光体や円盤は、「アメリカが極秘裏に開発中であったステルス機」など、最新兵器に関連していたものでしょう。当時は米ソ冷戦中でしたから、互いに疑心暗鬼を生じており、その影響で、あらゆる情報を隠蔽(いんぺい)する必要があったのだと思います。

つまり、アメリカ国民の多くに目撃されたＵＦＯのなかには、開発中の最新鋭空軍兵器も交ざっていました。加えて軍は、それを隠すために、意図的に「偽造ＵＦＯ」を飛ばして欺瞞(ぎまん)したのかもしれません。そこに、空軍の新兵器開発施設があったネバダ州南部「エリア51」の謎が生まれます。

しかし、飛翔体は地球の引力によって墜落することもあります。ですから、なかには本物のＵＦＯが、何らかの原因で故障するなどして墜落したことがあってもおかしくありません。「宇宙人の死体を軍とＣＩＡが隠蔽している」とするＣＩＡ陰謀説が生まれても不思議ではないでしょう。

その後、アメリカ国内では、ＵＦＯに関する情報公開を要求する運動が頻繁に起きます。そこで遂にＣＩＡも、情報公開に踏み切りつつありますが、これについては後述します。

無視された貴重な映像

講談社の＋α新書『実録・自衛隊パイロットたちが目撃したＵＦＯ』には、目撃した一四人の自衛官たちの証言を収録しました。

前述したように、自衛隊内には、ＵＦＯには無関心か、あるいは「いかがわしい非科学的なもの」という観念が蔓延（まんえん）していますが、航空自衛隊員といっても、パイロットは約三％の存在に過ぎません。ですから、ＵＦＯ目撃情報が限られるのは仕方がないことです。

そして、現役時代には目撃した事象を口に出すパイロットはさほどいませんが、ＯＢになるとがらりと変わります。これは民間航空のパイロットも同様で、現役時代にはなぜか、体験談を語りたがりません。

民間航空では、大事なお客様を預かる身として、飛行安全上ふさわしくない人物を採用することはできません。「ＵＦＯ信者＝精神疾患者」とされて排除されてしまうようです。ＵＦＯを目撃したとうっかり口外すると、地上勤務に回される……直接収入にも影響するらしいのです。

しかし前記の書で取り上げた、優秀な後輩の体験は、非常に貴重なものでした。

織田二尉が撮影した物体は、1950年３月20日、ニューヨークで撮影された、このシリンダー状のUFOに似ている（写真：「ufoevidence.org」より）

一九七九～八〇年頃のことです。この織田邦男（おりたくにお）二尉は、小松基地からスクランブルしたものの、対象機（国籍不明機）を目視・発見できなかったため、しばらく洋上で警戒監視飛行を続けていました。その後、任務を解かれ、小松基地に向け帰投中の出来事です。

僚機とともに、二機のファントム戦闘機は、能登半島沖の高度約三〇〇〇メートル付近を降下中でした。すると、スプレッド隊形（三〇〇～四〇〇メートルくらい離れた隊形）で飛行している二機のど真ん中に、突如、ＵＦＯが出現したというのです。

僚機が無線で「なんじゃあれは！」と叫んだので外を見ると、なんと「茶筒」のような形のＵＦＯが、ファントム戦闘機と同速度、同高度で飛んでいたのです。しかしその形状は、航空工学的には、とても空中を時速七〇〇キロ以上で飛行できるようなものではなかったといいます。

「ＩＤ（識別）写真を撮れ！」と命じられた織田邦男二尉は、写真撮影しました。そして、帰投後に現像されてきた写真には、奇妙な形をした物体がはっきり写っていたといいます。これを見た飛行隊員はみな一様に驚きました。

その後、正式な報告書は、航空団司令部を経て上級司令部に上げられたものの、所在不明になってしまいました……なぜでしょうか？　このときの写真があれば、ＵＦＯ研究上、非常に有益に働いたと思われ、実に残念です。

カナダ国防相の機密暴露と福島原発事故

その後、二〇一三年一二月三〇日、一九六〇年代にカナダの国防大臣を務めたポール・ヘリヤー氏が、ロシアのモスクワに拠点を置くニュース専門局「ロシアトゥデイ」のインタビューに答えて、「冷戦時代の一九六一年、約五〇機のＵＦＯの編隊が、ロシアから南下して欧州を横断した。欧州連合軍最高司令官はこれを危惧し、その五〇機が方向転換して、北極点に戻っていったときには、（核の）非常ボタンを押す準備ができていた……」と暴露しました。

Ｇ７に属するカナダの安全保障上の最高機密に接し続け、二三年にわたってカナダの国会議員を務めた人物の発言ですから、世界に大きな衝撃を与えました。しかしその後、なぜかメディアは取り上げようとしませんでした。外国でも「ＵＦＯは非科学的なもの」という観念が支配しているからでしょうか。

ヘリヤー氏は、二〇一三年五月、「四種類の宇宙人が地球に来ている」という内容の機密情報も開示しています。そしてＵＦＯが多く目撃されるようになった原因については、「人類が原爆を開発してからの数十年間で、ＵＦＯの出現が多くなりました。それはまるで、私たちが再び核兵器を使用することを、彼らが怖れているようです。核融合や核兵器をもてあそぶことは、地球と他の宇宙に破壊的な影響を及ぼす……間違った行動を私たちが起こさないように、彼らは警告しているのです」

と発言しています。

この発言の二年ほど前、二〇一一年三月一一日、マグニチュード九の大地震が発生し、それに伴って起きた大津波が、わが国の関東以北の東北から北海道にかけて襲いかかりました。東日本大震災です。

このとき、福島県の東京電力福島第一原子力発電所が被害を受け、ついに冷却水の循環が止まったため、炉心が溶融しました。こうして発生した放射性物質が、水素爆発で崩落した建屋から放出され、周辺地域だけでなく広範囲に大きな被害をもたらしました。

そして、息を呑むような津波の襲来がテレビを通じて全世界に放映されましたが、その画像のなかに、正体不明の「発光体」が映り込んでいたことが判明し、インターネット上でＵＦＯ論議が巻き起こりました。

しかしながら、画像のなかには意図的に作成されたものも混入されており、信憑性（しんぴょうせい）にも疑念が生じました。ただ、事故当時、原発周辺に多数のＵＦＯが飛来したことは、ＹｏｕＴｕｂｅなどの映像から明らかだと思います。

チェルノブイリ原発事故の三時間後に

他方、アメリカのニューハンプシャー州ボウにあるサンリバー研究所のドナルド・ジョンソン博士は、「核施設はＵＦＯを引き付けるのか？」という論文を書いています。そのなかで、「ＵＦＯは原子力発電所、核研究施設、軍事基地の核兵器貯蔵施設の上空で、よく目撃されている」と指摘しています。

このような報告をしたジョンソン博士は、「ＵＦＯの背後に存在する知的生命体が核兵器や原発に関心を示していると推測できる」としています。加えて博士は、次のような注目すべきことを書いています（「sspc.jpn.org」より）。

〈ＵＦＯ搭乗者が原発の安全性、核拡散に多大な関心を持っており、それでこれらの場所を厳重に監視し続けているのではないか、という研究者もいる。

一九八六年四月二六日にチェルノブイリ原発事故が起きたが、最初の爆発の約三時間後、最も火災がひどいときに、損傷した第四原子炉の三〇〇メートル以内に、真鍮（しんちゅう）のような色をした火球を目撃したと技術者たちが報告している。ＵＦＯは二本の明るい赤い光線を発射、第四原子炉に照射した。ＵＦＯは三分ほどその地域に滞空したが、光線の照射をやめて、ゆっくり北西の方向に移動した。ＵＦＯ出現の直前の放射線レベルは毎時三〇〇〇ミリレントゲンだったが、光線が照射されたあとは毎時八〇〇ミリレントゲンになった。明らかにＵＦＯは放射線レベルを減少させたのである〉

にわかには信じがたい報告です。しかし、東日本大震災に際した福島のように、ＵＦＯがチェルノブイリ原子力発電所上空にも出現していたことについては、多くの目撃談があります。

巨大地震と津波によって原子炉が溶融した福島第一原発での事故とは異なり、このチェルノブイリ原発事故は、技術改良のために非常用電源以外の電源で原子炉を冷却しようとする実験の失敗に起因するもの。一〇〇％人為的な事故だったのです。しかし事故当初は、社会主義国らしく、その事実を隠蔽していましたから、ウクライナから東ヨーロッパの一部、そしてスカンジナビア半島にまで放射性物質が降り注ぐという重大な結果を招いてしまいました。

こうなると、ジョンソン博士やカナダのヘリヤー元国防大臣の話、そして福島原発事故

チェルノブイリ原子力発電所の上空を飛ぶUFO（写真：ソ連中央テレビより）

で出現したとされるＵＦＯの目撃談など、ＵＦＯの飛来は、明らかに核施設と関連があることを示しています。

そういえば、小松基地からスクランブルした織田二尉が茶筒型のＵＦＯと並んで飛行した事件の前、一九七〇年一一月、小松基地に近い福井県三方郡美浜町丹生にある関西電力の原子力発電所、美浜原発が営業運転を開始しています。

そして実は、一九七三年三月、美浜原発一号機において、核燃料棒が折損する事故が発生していました。関西電力はこのとき、秘密裏に核燃料集合体を交換しただけで済ませたようです。これが内部告発として表面化すると、責任ある大企業の倫理観が疑われました。カナダの元国防大臣ヘリヤー氏がいうように、核は地球と宇宙に破壊的な影響を及ぼすので、茶筒型のＵＦＯは警告のために飛来したのではないでしょうか。

その後、一九九一年二月九日には、美浜原発二号機で蒸気発生器の伝熱管一本が破断したため原子炉が自動停止、緊急炉心冷却装置が作動する事故が発生しています。原因は、伝熱管の振動を抑制する金具が設計通りに挿入されておらず、そのため伝熱管に異常な振動が発生したこと。金属疲労によって破断に至ったのですが、この事故で微量の放射性物質が外部に漏れたといわれています。

知的生命体が懸念するように、やはり地球人の人為的ミスで核事故が起こっても不思議ではありません。そう、そして核戦争も――。

第三章　ＥＴコンタクター

訪れたETコンタクター

私が本を執筆した後、面会や取材にいらした方々もいます。二〇一四年七月には、グレゴリー・サリバン氏から会いたいという連絡がありました。身長一九五センチ、アメリカ育ちの好青年で、いまは日本に住んでいます。

会ってみると、名刺には「日本地球外知的生命体センター（JCETI）ETコンタクト・コーディネーター」という肩書がありました。私はその後、「ETコンタクター」と呼ぶようになりましたが、このときまず、その活動内容を聞いてみました。

「地球外知的生命体（ETI）とコンタクトしながら、コンタクトのためのテクニックをナビゲートするセミナーなども交え、特別なスカイウォッチング『第五種接近遭遇』のイベントを全国で展開しています」

そして、UFOを目撃した後輩たちは「第二種接近遭遇の段階」だといいます。以下、それぞれの段階をまとめてみましょう。

第一種接近遭遇＝UFOの目撃

サリバン氏と（2014年７月23日）

第二種接近遭遇＝レーダーでＵＦＯを記録
第三種接近遭遇＝宇宙人の目撃
第四種接近遭遇＝ＵＦＯ内で宇宙人とコミュニケーション
第五種接近遭遇＝人間から発信して宇宙人と双方向のコミュニケーション

サリバン氏は、そのうち第五種接近遭遇のナビゲート役だといいます。つまり彼は、友好的な知的生命体とコンタクトすることによって、宇宙の平和に貢献するための「宇宙大使」を養成しているのだというのです。

さらに私の質問に答える形で、以下のよ

うなことを話しました。

「ＵＦＯは物質ではなく光体やエネルギー体である」「宇宙人は一般的に宣伝されているような『地球侵略者』ではない、それはアメリカのメディア等によって植えつけられた誤ったイメージである」「地球外生命＝宇宙人は、つねに地球、特に地球人たちの未熟な核エネルギーの扱いについて見守ってくれている」「宇宙には光よりも速いものがある、つまり漫画『ドラえもん』の『どこでもドア』は存在する」――。

そして私が、「世界各地でＵＦＯが目撃され、拉致(らち)された人もいるようですが、地球人と彼らは通常、何語で話をするのですか？」と聞くと、「意思疎通は、地球上のいわゆる言語を使うのではなく、『思念伝達』です」といいます。

思念伝達とは「精神感応＝mental telepathy」のことで、一般的にはテレパシー、あるいは読心術といいます。人間の精神や思考が、視覚や聴覚からではない、あるいはＩＴ技術を経由せずに、他の人間に伝わることです。

こうなると、紀元前に多くのＵＦＯ飛来とコンタクトがあったとされていることも納得できます。つまり、現在のような最先端の科学機器が存在しなくても、当時の人類との意思疎通は可能だった、ということになるからです。

さらに私が「最近ＵＦＯの目撃が多いのは、なぜなのでしょうか？」と問うと、スマホのような器材が普及して、写真や動画が軽易に記録できるようになったこととともに、次のようなことを挙げていました。

「宇宙はいまや、軌道修正期に差し掛かっているので、大きな変化が予想されます」

「宇宙人はとりわけ、第二次世界大戦末期に原子爆弾として使用され、その後、本格的に開発・使用されている原子力の安全管理を危惧しているのです」

この面談が機縁になって、サリバン氏とはその後もしばしばコンタクトすることになり、時には家族ぐるみで食事をするほどになりました。以下、氏から受けたレクチャーの概要をまとめておきたいと思います。

隠され続けてきたＥＴの存在

サリバン氏の著書では、「人工宇宙船と本物のＵＦＯは、まったくの別物だ」と解説されています。

私は航空自衛隊のパイロットとして、約三八〇〇時間、空中を漂（ただよ）いましたが、その間いつも、「こんな金属製の重量物が空中に浮かび上がるのは不思議だ」と思っていました。

もちろん、防衛大学校で航空工学を専攻しましたから、飛行原理は理解しているつもりです。しかし、実際に空中を飛び回ることは、原理原則を超えて、不思議な感覚でした。

サリバン氏は「地球外生命体の存在は隠され続けてきた」といい、こう続けます。

「人間が空を飛ぶようになったのは、人類の歴史から見ると、ほんの最近のことです。ライト兄弟がノースカロライナ州で人類初の有人動力飛行に成功したのは、一九〇三年のこと。当時は人間が空を飛ぶこと自体、神の領域を冒（おか）すことだという批判もありました。

それから一〇〇年余りで、人類は旅客機だけでなく、超音速の軍用戦闘機も開発しました。これだけ技術革新が進んで自信を持ったため、地球外に知的生命体が存在することなど心理的に受け止めにくくなっているのかもしれません」

科学技術の急激な発展は、一方で、人類に過信を招いたようにも思います。

さらにサリバン氏は、「しかし現実には、水面下で宇宙人のテクノロジーは、地球人に大きな影響を与えていたのです」と、驚くようなことをいいます。その象徴的な事件が、一九四七年にニューメキシコ州にＵＦＯが墜落した「ロズウェル事件」――。

それ以前にも、アメリカ南部では、ＵＦＯの墜落事故が起きていました。ただ、これらの事故の真相は、政府や軍の関係者によって隠蔽される一方、「軍産複合体は宇宙船から得た情報を基に、数々の技術革新を遂げました。宇宙人の有するテクノロジーのレベルは、人類のものとは、けた違いに優れていた」とサリバン氏はいいます。

「ＵＦＯの破片一つから構造を分析することで、信じられないほど高度なテクノロジーの情報が得られます。これが、いわゆるリバース・エンジニアリング。情報は細かく分散され、アメリカの私企業で活用されました。政府機関のなかでは、どうしても情報が漏れてしまうのですが、私企業だと経営者個人の情報にできるので、六〇年ほど、そうやってうまく隠してきたのです」

私がよく鑑賞するケーブルテレビの、たとえば「ヒストリーチャンネル」「ディスカバリーチャンネル」「ナショナル　ジオグラフィック」などでは、サリバン氏が指摘する事実が連続して放映されています。

「リバース・エンジニアリングによって、私たちが使うレーザー光線やＩＣチップなども生まれました。こうした発明による利益は、実は闇の予算ともなってきたのです」

サリバン氏の言葉に、穏やかではいられません。さらに、こんなこともいうのですから、驚きです。

「ロッキード社を創設したアラン・ロッキードは、『われわれ人類は、宇宙人を地球に連れてこられるようなテクノロジーをすでに保有しており、惑星間の旅行も可能になった』と、亡くなる前に言い残しています」

……このように、一般市民の目が届かないところで様々な計画が進行しており、そのうちの一つには、「否認可特別アクセス計画」があるといいます。サリバン氏は次のような驚くべき内容も語りました。

「ロズウェル事件以前にも、墜落したＵＦＯを実験室に持ち帰り、秘かにテクノロジーを研究することは行われていました。第二次世界大戦のナチスの最も優秀な科学者たちは、戦後、アメリカのニューメキシコ州の研究所に移籍しました。そこで反重力やフリーエネルギーなどを研究したのです。Ｖ２ロケットを開発したフォン・ブラウン博士もこの研究所で働き、ＮＡＳＡのスタッフとなり、ＡＲＶ（Alien Reproduction Vehicle＝人工宇宙船）の研究を続けました。

人間社会にとって、宇宙船や地球外生命体の存在は、重要な意味を持ちます。ただ保守的な考えに凝り固まっている人にとっては、想像を超えたものであり、疑いを持つのは当然です。神を否定することになると考える宗教関係者もいます。

しかし、すべてをオープンにすることで社会的パニックが起こるどころか、実は大きなパラダイムシフトが起こり、地球人は大きな進歩を遂げることができるのです。

ロズウェル事件が起こったのは東西冷戦の最中でした。対立する米ソ両国にとっては、自国の安全を守るため、機密を守る必要がありました。原子力のテクノロジーについても、徹底的に機密化することが国家権力の維持につながったのです。ＵＦＯについての情報も同様です。宇宙人のもたらす高度なテクノロジーを自国のものにすれば、一気に冷戦を終結させ自国を有利な立場におくことができたのです」

そういえば、沖縄の南西航空混成団司令を務めていたとき。パーティなどで米空軍幹部らにＵＦＯについて尋ねてみると、彼らは一様に「ノーコメント」といってウインクしたことを思い出します。おそらくサリバン氏の指摘は、的を射ているのでしょう。

「ＥＴ＝悪」なのか

仮に国家機関が事実を隠蔽（いんぺい）しようとしても、言論の自由を標榜（ひょうぼう）するアメリカの強力なメディアが、それを見逃すはずはありません。アメリカのメディアは、リチャード・ニクソン大統領の盗聴を暴（あば）き、失職に追い込んだほどです。半面、この強力なメディアが政府に協力すれば、ＵＦＯや宇宙人の情報も、すべて隠蔽できるでしょう。時には偽のＵＦＯ

情報を流したり、宇宙人が地球を攻撃してくる映画も製作・公開できます。

ただサリバン氏は、「政府や軍部がいくら情報をコントロールしようとしても、すべてを隠し通すことは不可能だ」といいます。しかもアメリカは、民主主義や言論の自由を貴ぶ国です。なぜUFOに関連する情報だけを隠蔽しようとするのか、それが不思議です。

サリバン氏は、こうも語っています。

「UFO＝悪のイメージの象徴が、アブダクション（abduction：誘拐、拉致）です。宇宙人に誘拐されて宇宙船のなかでチップを埋め込まれたといった話が、一九八〇年代にはよく聞かれました。

妄想で宇宙船に乗り込んだと思い込んでしまったケースもあります。現実にチップを埋め込まれたとしても、指示したのは軍だということもありえます。現在でも、アメリカのテレビ番組では、時折UFOによるアブダクションを取り上げることがあります。日本でも扇動的な番組を目にします。そうして視聴しているときは注目するのですが、翌日にはきれいさっぱり忘れられている……宇宙船との友好的なコンタクトは、そのような一過性の現象ではありません。宇宙人が地球に来ている意味を考えるべきです」

旧コンタクティと新コンタクティ

ところで、過去にUFOと遭遇した体験者の話は信じられるのでしょうか？

これについてサリバン氏は、「旧コンタクティと新コンタクティの違い」として、次のように解説しています。

「アブダクションではなく、友好的な接触をした人がコンタクティです。宇宙人と接触して情報をもらい、公表している人もたくさんいます。ジョージ・アダムスキー氏やビリー・マイヤー氏が有名です。

宇宙人との友好的な関係というイメージを広めたことは大きな功績ですが、宇宙的な世界観や高次元について言及するには限界がありました。いくらすばらしい体験をしても、あくまでも個人的なものですから。また、崇高な目的は持たず、単に自分の体験を伝えたいという人もいるのでしょう。特に宇宙船に乗るストーリーは乱用され、周囲の注目を集めるため、デタラメをいう人もいます。

コンタクティの情報は、事実の場合もあるけれど、虚偽の報告も多く、フィクションかどうかの区別はあいまいです。なかには、機密事項をカムフラージュするため、軍がわざとフェイク情報を流していることもあり、玉石混交（ぎょくせきこんこう）です」

この話は理解できます。地上波テレビの「ＵＦＯ番組」に呼び出されて何回か出演しましたが、出演前に小型体育館のような楽屋の片隅に待機していると、テレビに出演したがる人たちが多数、集まってきます。何とかテレビに出演して、有名人になりたいのでしょう。チャンスをつかもうと、涙ぐましいほどの努力で関係者に取り入ろうとしている姿が見られます。

こうした人たちも、そして番組自体も、「ＵＦＯの本質」など、実はどうでもいいのです。

番組が視聴率を上げられるように構成されたシナリオに従って、出演者は、担当ディレクターの指示通りに動くだけです。収録中にＵＦＯらしきものが写り込んでも、番組構成上、それを真剣に分析することもありません。

また、サリバン氏はこうもいいます。

「新コンタクティは、多くの人が宇宙人と友好的な関係を築き、その体験を共有することを目指しているのです。私はＵＦＯに乗りました、と周囲に吹聴しても、ほとんどの人は信じてくれないでしょう。一人ひとりの体験よりも、グループとしてのコンタクトに焦点を当てたほうが大きな影響を及ぼすことがわかっているのです。

新コンタクティが常に情報開示を心がけているのに対し、隠蔽工作に関わっている人々は秘密を保持しようとします。それは組織の内部に対しても同様です。

ＣＩＡ長官ですら、ＵＦＯ機密情報へのアクセス権はないといわれています。軍の司令官が情報を入手しようと担当部署に電話しても、ブロックされて通じないということもあります。ですから真実を知るためには、フェイク情報にまどわされず、本当のコンタクトを体験するしかありません」

宇宙人飛来の目的＝核実験や原発の監視

ところで宇宙人、知的生命体は、何が目的で頻繁(ひんぱん)に地球に現れるのでしょうか？　それが問題です。特に最近になって目撃情報が頻発するのは、どうしてなのでしょうか？

やはり第二次世界大戦末期に原子爆弾が開発され、それが使用されたこともあり、原子力関連施設を監視しているのでしょう。そう、地球外生命体は、原子力を見張っているのです。

宇宙人は過去に「原子力事故」を起こして大変な災害を被り、宇宙を危機的状況に追い込んだ体験があるのかもしれません。サリバン氏はこういいます。

「宇宙人は決して危険な存在ではなく、友好的な宇宙人もたくさんいます。多くの宇宙人が懸念しているのが、地球での核開発。現在の人類の精神レベルで核を扱うのは、きわめて危険です。幼児が火遊びしているようなものですから。宇宙人は地球上の核実験や原子力発電所を監視しているのです。

原子力などのテクノロジーが、人類の手に負えなくなっているのと並行して、これまで浴びたことのないようなエネルギーも、地球に到達しています。

太陽の巨大フレアの数も、その力も、増大しています。NASAが発表している写真を見ても、巨大な母船がフレアから地球を守っているように見えます。フレアの影響を直接受けると、地球には大きなダメージとなるからです。

そうしてサポートはしてくれていますが、基本的に宇宙人は、人間の精神的な成長を見守っているのです。人類の意識の変容と深くつながっている。過去を手放し、未来の新しいビジョンを描き、平和的な地球文明を作り上げて初めて、宇宙人と交誼（こうぎ）を結ぶことができます。

しかし、軍事産業の攻撃的なアプローチがある限り、友好的な関係は結べません。

宇宙人にとって、宇宙が無限であることは、当たり前の事実です。だからこそ、自分だ

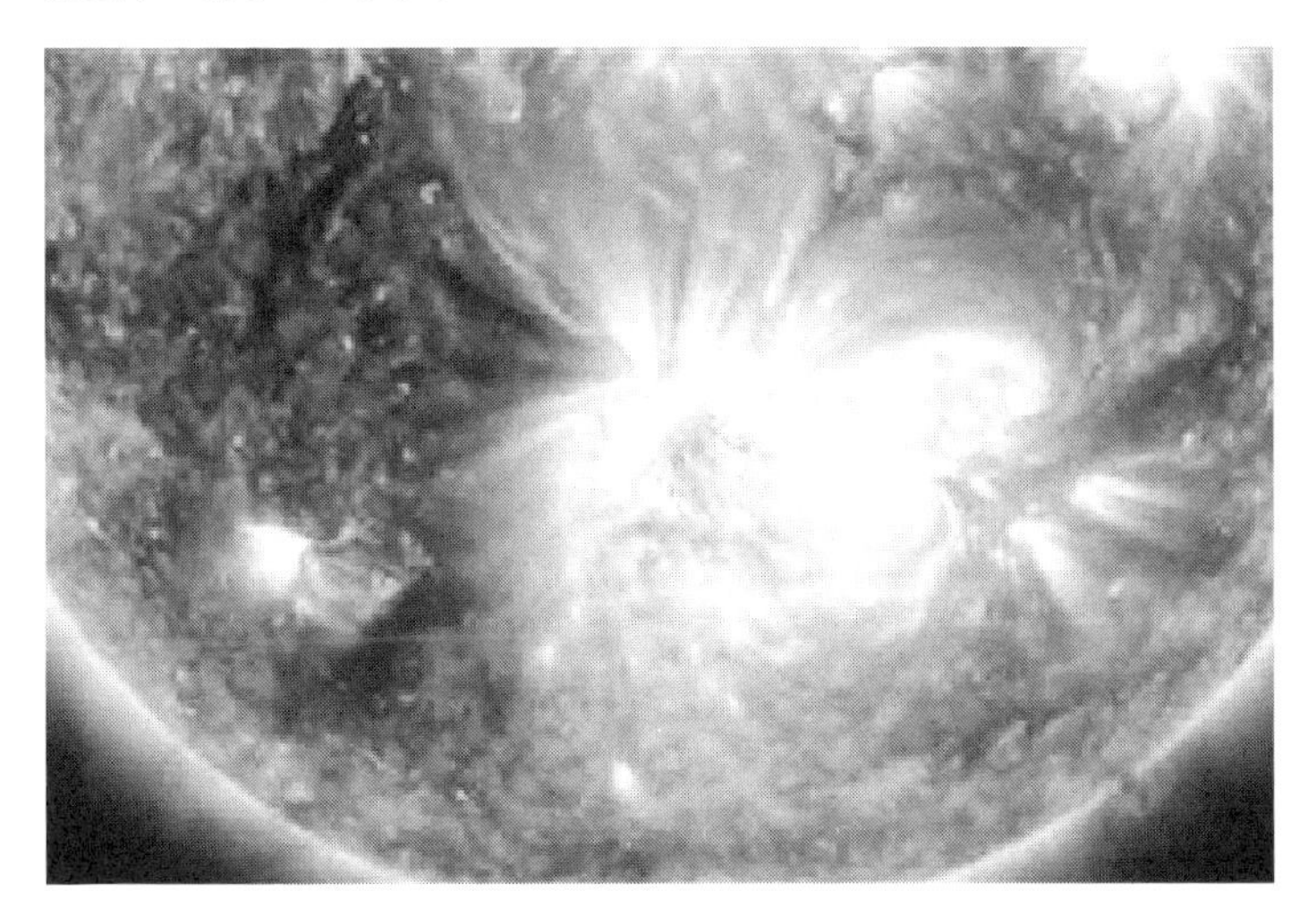

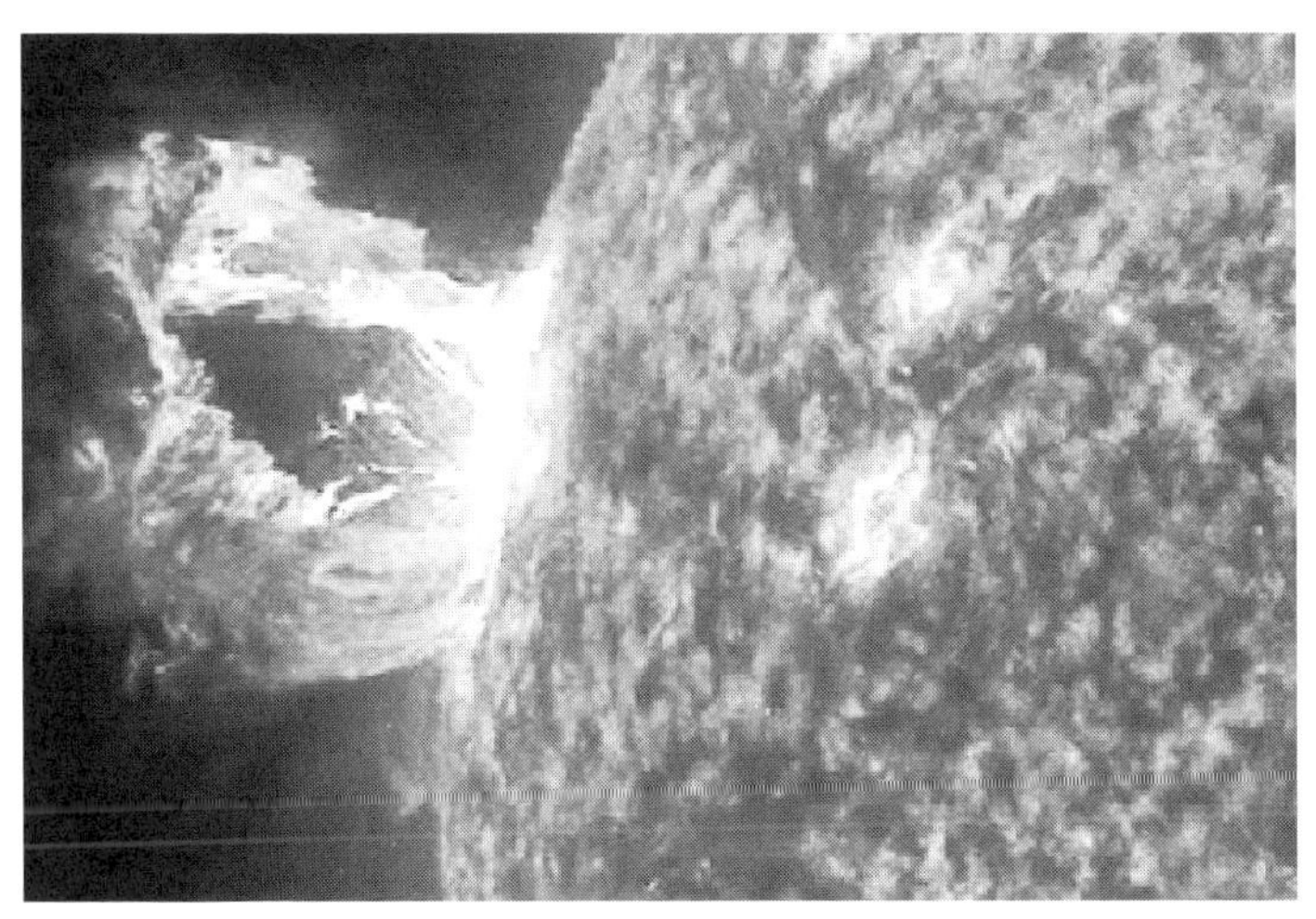

太陽の巨大フレア（写真：NASA）

け豊かになろうとしたり、人の物を奪ったりという発想はありません。後輩である若い地球文明のサポートをするなど、彼らの行為は、与えることだけなのです。

宇宙人は菩薩そのものなのです。これまでさんざん、地球を侵略する悪い宇宙人のストーリーを見聞きしてきた人には信じられないでしょうが、宇宙人のすばらしさが伝わるのではないでしょうか。宗教でイメージされてきたような、神に最も近い存在が、現実のものとして、眼前に現れるのです」

ヤオヨロズの神は宇宙人に通ず

ところで、最初にサリバン氏と会ったとき、日本の八百万の神は宇宙人に通じるとして、次のように語りました。

「地球外生命体や宇宙船を理解するためには、新しい宇宙観が必要です。宇宙のコスモロジーのなかでは、数え切れないほど多数の存在が動いています。これを理解するためには、神道の世界観が非常に役立ちます。八百万の神様プラス宇宙人。仏教を加えた神仏習合。精霊、神々、宇宙人は、かなりダブってきます。一神教に凝り固まった西洋人にはイメージしにくいのですが、日本人ならすんなり想像できるのではないでしょうか」

西洋人の彼がいうのですから、信じるべきでしょう。コンタクト体験のために彼が指導してくれた心構えも、仏教に通じる「瞑想」であり「精神統一」でした。きっと宇宙は、地球人が考えている「神の世界」そのものではないのか、とさえ思います。私たち日本人は、古代から、すんなりとそれを理解しているのであり、それが多くの神話の基礎になっているように感じます。

そういえば、『竹取物語』とは実は古代のＵＦＯ物語であり、かぐや姫は知的生命体だといえるのではないでしょうか？　そして、なぜか日本人は、古代から「宇宙人は敵だ」とは考えていません。

「八紘一宇」という言葉があります。「戦時中の政府のスローガンだ」と嫌悪する人もいますが、それは日本史を学んでいないからでしょう。八紘一宇とは、『日本書紀』に登場する初代天皇、神武天皇の詔に基づく言葉。「八紘（世界）を一つの屋根の下に置いて、家族として睦み合い、一つの宇（家）とせよ」という意味です。

これを、アメリカ人たるサリバン氏が理解しているのに、肝心な日本人が無関心だというのは、恥ずかしいことです。そのサリバン氏から、「この道」に入ったきっかけを聞いたので、簡単にまとめておきましょう。

サリバン氏が生まれ育ったのはニューヨーク市近郊。冬の寒さが厳しく、大雪が降ることもあり、そのせいで一週間以上停電したこともありました。天文学に興味を持ち始めた氏は、灯りの消えた暗闇で、きれいな星空を見上げたものだといいます。

地質学を学んでいたため、森で過ごす時間も多く、アルゴンキン族やイロコイ族など、ニューヨーク州の先住民（ネイティブ・アメリカン）の魂を感じることもありました。父と二人で「インディアン・ガイド」というツアーに参加した際には、「自分の意識で世界を変えられる」というイメージトレーニングを受けたことが印象に残っているそうです。つまり、寒いときに「暑い」と念ずれば体は熱い感覚になる、そんな体験もしました。すなわち日本でいう「心頭滅却すれば火もまた涼し」です。

サリバン氏が「ＪＣＥＴＩ（日本地球外知的生命体センター）」の活動に本格的に取り組み始めたのは、二〇一一年の東日本大震災が契機となっています。

「東日本大震災、福島第一原発の事故は、地球人類のあり方について考え直す、大きな契機となりました。そして、このような試練に立ち向かう日本で、宇宙人との友好的なコンタクトのシステム、第五種接近遭遇を広めることに重要な意義があると感じたのです」

また、次のようにも語っています。

「一九八六年のチェルノブイリ原子力発電所の事故直後、オレンジ色に光るＵＦＯが目撃されています。福島の事故のあと、放射能の影響を最小限に抑えるため、現場にはＵＦＯが出現、たくさんの目撃情報があり、映像が撮影されています。

原子力発電や核兵器は、人間が管理できるレベルのものではありません。石油や石炭だけではエネルギーが不足するから原子力に頼らざるを得ない、そう考えるのは、二次元の制限された考え方です。

宇宙船は、フリーエネルギーによって移動しています。無制限なフリーエネルギーなら、一立方センチの空気から地球全体で消費するエネルギーの三日分がまかなえます。わざわざ危険な原子力発電に頼ることはないのです」

石油などの化石燃料は人類の文明を支える重要な物質ですが、資源分布が偏っていることと、掘削作業に関する利権などにより、ごく一部の人たちに独占されているのが現状です。

同様に、ＵＦＯや知的生命体に関する情報も、ごく一部の者たちの利権確保のために使われているようです。サリバン氏は彼らのことを、「闇の勢力」と呼んでいます。

北朝鮮の核実験で宇宙人にコンタクト

「北朝鮮でも、核実験が繰り返されています。北朝鮮の核実験前後のタイミングで、JCETIは、沖縄の石垣島で第五種接近遭遇のワークを実施しました。

このとき沖縄では、自衛隊の飛行機が出動するなど、騒然とした雰囲気でしたが、UFOが数多く現れました。原子力によって乱れた波動を修正するためです。

地球人が思っている以上に、地球は、宇宙のなかでも特別な、大切な存在です。その地球に対する宇宙人の無条件の愛が、UFOの訪れという形で表れているのです。そう、宇宙人は、ボランティアで地球に来ているのです」

地球を守るため、宇宙人がボランティアで地球に来ていると聞いて、さらに驚きました。そして、UFOが最近、各地で頻繁に目撃されるようになっているのは、地球上の何らかの変化、たとえば地球温暖化と関係があるのでしょうか?

ここで改めて、UFOや知的生命体とはどのようなものか、サリバン氏に聞いてみました。

まず、UFOといえば、一般的にアダムスキー型と呼ばれる円盤がイメージされるはず。円盤型、皿型、球型……目撃証言によって形が異なるのは、宇宙の異なる文明グルー

阿蘇市上空のクラウドシップ（写真：グレゴリー・サリバン）

プが、同時に地球で活動を行っているためです。

そうした入り口の情報からＵＦＯに興味を持つことも否定しませんが、ＵＦＯは物体だと考えるのは短絡的です。ＵＦＯは、光体やエネルギー体など半物質や非物質の存在で活動することが多いからです。

このところ話題になっている雲型のＵＦＯ（クラウドシップ）は、昔からずっと存在していました。最近になって人類が気づき始めたので、最新のものとして紹介されているのです。心の準備ができていない人のため自然に姿を紛れ込ませるのは、宇宙人たちの原則です。

また、人間の目が認識する可視光線の範

囲は狭いので、その範囲外で動いているＵＦＯは、まったく目に見えない。地球人科学者たちも、その存在には気づいていません。

たとえば一九九〇年代半ば、アダムズ山で、韓国人留学生がコンタクトしたＵＦＯは、光体でした。アメリカ西北部のアダムズ山はＵＦＯの基地として知られ、世界各地からＵＦＯとの遭遇を求める人が集まっています。

この韓国人留学生はＵＦＯのビデオ撮影に成功し、テレパシーでメッセージのやりとりもしました。ＵＦＯは光体なので、二つに分裂したり、グローブ型になったり、自由自在の変形パフォーマンスを披露しました。

その後、圧力がかかって、この留学生は韓国に帰国せざるをえませんでしたが、この体験から、ＵＦＯはまるで魔法使いのように、物理的制限なく動くことがわかります。

だとすれば、私が二〇一一年七月一〇日の夕刻に、東北自動車道を南下中に見た「オレンジ色の斜めに傾いたレンズ型の大きな雲」は、クラウドシップだったのかもしれません。

サリバン氏に、「宇宙的現象と霊的現象」とはどう違うのか聞いてみました。

「妖怪も含めた霊的なものは、宇宙の一部であることには違いありません。アストラル界、エーテル界などさまざまな呼び方がありますが、宇宙のレベルは多様です。ＵＦＯは五次元や六次元の高い次元から来るものです。

チャネリングと称して宇宙人のメッセージを伝えている人もいますが、低レベルの霊的なものに接触している場合も多い。高次元の存在とコンタクトするためには、準備も心構えも必要です。

ＵＦＯとのコンタクトは、高次元の存在が三次元まで具現化しているのですから、そういう体験をすると、低次元のチャネリングには、違和感を抱いてしまいます」

「そもそもＵＦＯ、未確認飛行物体という名称自体が、古いパラダイムの言葉です。宇宙人が地球外で作った飛行物体か、地球上で人工的に作られた物体かという違いはありますが、宇宙船は未確認飛行物体ではないからです。

私たちは、一貫して『ＥＴＶ（Extra Terrestrial Vehicle）』あるいは『宇宙船』など、ＵＦＯ以外の名称を使っています。ＥＴＶは周波数や振動を変化させることで、あるときは物質、またあるときは非物質となりながら、自在に移動しているのです」

「宇宙船は未確認飛行物体ではない」という言葉には驚きました。われわれ地球人レベルの視覚でとらえるには困難な存在なのでしょうか。

ＵＦＯはどんな物体でできているのか

「ＵＦＯに対して固定的なイメージが持たれるようになったのも、メディア操作の結果です。ＵＦＯを撮影したという写真やビデオが数多く出回っていますが、本当のことをごまかすためのフェイクである場合も多いのです。ＣＧで合成したものもたくさんあります。テレビに登場するＵＦＯは、ほぼ偽物だといっても過言ではないでしょう。

一方、地球の軍事テクノロジーの進化により、ＵＦＯの撃墜に成功したこともあります。宇宙人側としては、半物質、非物質へと姿を変えながら攻撃を受ける危険を少なくしているのも事実です。

ですから、友好的な宇宙人からコンタクトされたとしても、いきなりＵＦＯが現れて内部に招待されるのではなく、物体を用いないことも多いのです。

ＵＦＯをＥＴＶと呼ぶように、私たちは宇宙人のことを、『ＥＴＩ（地球外知的生命体）』と呼びます。エイリアンという名称は、宇宙人に悪のイメージを植え付けるため、使用は控えたいものです」

では、目に見えない存在を運んでいる「ＵＦＯ」とは、いったいどんな物体でできているのでしょうか？

「九割の人が持っているＵＦＯのイメージは、おそらく金属性の物体でしょう。しかしそれは、捏造されたＵＦＯ神話から生まれたものです。ディスクロージャー・プロジェクトの内部告発者により、それらはＣＧ、レンズ現象、その他の人工物であることがわかっています。宇宙人が作った宇宙船のレベルとは比べ物になりませんが、一般人の知識レベルでは、人工物と本物のＵＦＯを見分けることは非常に困難です」

つまりサリバン氏によれば、ＵＦＯ目撃者の多くは、人工のＵＦＯを見ている、あるいは見せられている可能性が高いのです。

「ニュージーランドで目撃したＵＦＯについて、ボーイング社のエンジニアに質問したことがあります。目を開けた瞬間に地上から光がすっと上がったのだそうですが、人工衛星とは動き、見た目、フィーリングがまったく違ったとか。テレビなどで紹介されるＵＦＯの多くは、明らかに人工的な構造や物体が見えます。形だけでなくＵＦＯは異次元的な動きをするので、そこに人は奇異な感を持ちます。

ＮＡＳＡのリチャード・ヘインズ博士とスティーブン・グリア博士が共同で執筆した本に、こんなエピソードが紹介されています。

場所はマンハッタン郊外、ＵＦＯがよく目撃されるスポットです。川沿いをドライブしていた人が、『もう少し車を走らせて遠くに行ったら、宇宙船が見えるかな』と無意識のうちに考えたら、宇宙船がすーっと現れ、回転までしたというのです。宇宙船は意識と連動して出現した。これこそ双方向のコミュニケーションです。

グリア博士が第五種接近遭遇を説明するときによく使う言葉やキーワードは、ピースフルです。かつてのアメリカでは、ＵＦＯを発見すると銃を向けて射撃した人もいた。そんな野蛮な行動を戒めるためにも、ピースフルなコンタクトを提唱してきたのでしょう」

そこで、この活動の創始者ともいえるグリア博士について聞いてみました。初対面のとき、サリバン氏は私に「シリウス」というＪＣＥＴＩの活動をまとめたＤＶＤをくださり、私は目を通しました。そこでは、グリア博士が広い公会堂のような会場で、画像を使って解説している姿がありました。

「ＣＳＥＴＩは、グリア博士個人の体験を元にして誕生しました。グリア博士は子どもの頃にＵＦＯを目撃し、一〇代で臨死体験をしました。そのときに深い宇宙意識に目覚めたのですが、大学時代、ノースカロライナ州で登山中に再びＵＦＯとコンタクトします。山頂で夕日を眺めていたグリア博士の前に突然、ＵＦＯが現れ、次の瞬間にはＵＦＯのなか

記者会見におけるグリア博士（2001年５月３日ワシントン市「ナショナルプレスクラブ」／写真：JCETI）

に入っていたそうです。実はこのＵＦＯは、博士が子ども時代に目撃したものと同じでした。

ＵＦＯのなかでグリア博士は、ＥＴにこう尋ねました。

『われわれ人間がＥＴたちにコンタクトしようと思ったとき、どのようにすればいいのでしょうか？』

すると、『地球の外に対して、コンタクトしようとしている人の正確な位置を意識によって示すことが大切だ』という答えが返ってきました。

まずは、意識の深いところからＥＴへ呼びかけます。最初はイメージするだけで終わるかもしれません。しかし訓練することによって、地球外との意識の交流が可能になるのです。

この手順だけでも非常に効果的で、誘導瞑想により必ず次の動きが起こります。これがコンタクトの重要な鍵です。こうした第五種接近遭遇のコンタクト手順は、グリア博士がＥＴと話し合うことで形作られたのです」

そこで私がサリバン氏に、「知的生命体とのコンタクトは、私のような者でもできるのですか」と聞くと、氏は「できる」と、自信ありげに答えました。そして、「機会があれば第五種接近遭遇のワークを一緒にやりましょう」と約束してくれたのです。

第四章　すべての情報が公開される日

エリア51と52は実験場

サリバン氏は、アメリカ南部はARV（人工宇宙船）など機密飛行物体の実験場だといいます。特にUFO研究家のなかで、エリア51は、UFOの聖地とされています。

サリバン氏はこう述べています。

「エリア51など、よくUFOが目撃されたアメリカ南部の地域は、機密飛行物体の実験場でもあります。実験場に選ばれるのは、砂漠で人目が少なく、広いスペースのあるニューメキシコ州、アリゾナ州、ユタ州など。軍が一般に知られたくないものを秘かに実験できる格好の場所です。

実はユタ州のダグウェイ実験場として知られているエリア52のほうが、エリア51よりも多くの謎があるのですが、基本的にはここで人工宇宙船が製造されていたわけです。ここでは本物の宇宙船はETVと呼ばれていて、これは正式のNSA（アメリカ国家安全保障局）用語にもなっています。

こうした軍の飛行実験が、UFOとよく間違われます。UFOの目撃情報がアメリカ南部の砂漠地帯に多いのはこのためです。

エリア51ではステルス機の極秘実験も。（上）F117（下）B－2（写真：アメリカ合衆国政府）

エリア51には、本物の宇宙船は一機もなく、人工宇宙船が配備されています。そうした事実から一般大衆の目をそらせるために、UFOやエイリアンなどのデマ情報が意図的に流されてきました。軍の機密計画には、人工宇宙船を使ってビルを破壊するなど、攻撃的なパフォーマンスも含まれています。

『友好的な宇宙人がいる』と主張すると、『それではなぜホワイトハウスの庭に着陸しないのか?』と返されることがありますが、いきなり宇宙人が登場すれば、軍が人工宇宙船を出動させたり、ビーム兵器を使うなどしますから、大混乱が起こります」

現在は強く情報公開が求められるようになってきましたが、果たして隠蔽を続けている政府は、容易に公開するでしょうか? サリバン氏はこう続けます。

「個々のUFO目撃談など、情報が小出しにされていたのが、一気に全体図が明らかになると、世界の経済と政治が変わります。UFOは一部のマニアが騒いでいるだけで、自分とは関係ないと静観してきた人も、非常に重要な時事問題としてとらえ、行動を起こさなくてはならないことに気づくでしょう。

その意味では、グリア博士の情報公開を求める活動は、UFOや宇宙人の存在についてマスコミレベルまで広めた重要なきっかけです。今後は明るい未来を作るための作業が始まります。

闇の予算を使い、やりたい放題のグループは、宗教団体にも関わっています。国家の枠組みを離れたところで活動しているのです。すべての情報に精通しているのはせいぜい二〇〇〜三〇〇人程度とされていますが、彼らのなかにも様々な対立があり、ディスクロージャーしたいという人も増えています。そうしたインサイダーに、グリア博士たちは大きなサポートを行っています」

状況は、かなり変化しているようです。宇宙から飛来した知的生命体の影響が徐々に表れてきたのでしょうか。国防という国家レベルの機密保護は仕方ないとしても、知的生命体によってもたらされた他の情報は公開してもいいのではないでしょうか。

サリバン氏は、話のなかで「闇の世界の存在」を示唆しました。簡単にいうと、現在までのＵＦＯ情報の多くは、「アメリカ政府の命令で、ＣＩＡによって隠蔽されてきた」ということでしょう。

ＣＮＮ発——ＣＩＡが公開した情報

かつては二大超大国のアメリカとソ連が冷戦を行っていましたから、国家機密の防護の一環として、多くのことを隠蔽しなければならなかったという事情もあるでしょう。つまり、アメリカの国家機関たるＣＩＡによる隠蔽行為は、冷戦時代の米ソ対立の産物だといえるかもしれません。

ところが二〇一六年一月三〇日、ＣＮＮ電子版が、「ＣＩＡがエイリアンやＵＦＯに関する報告書の機密指定を解除した」ことを、報告書の画像つきで報じました。

〈米中央情報局（ＣＩＡ）は30日までに、地球外生命体が存在する可能性に関する調査文書の機密指定を解除した。公表された文書の数は数百に上り、１９４０～50年代にかけて複数の未確認飛行物体（ＵＦＯ）が報告された件について調査したもの。

地球外生命体の存在を信じる人は、ドイツで52年、空飛ぶ円盤が見つかったとする件を調べてみるのがいいかもしれない。ＣＩＡの報告書によると、目撃者の男性は、「空飛ぶ巨大な皿に似た」物体がドイツの森林内の空き地に着陸したのを見たと調査官に証言。

この男性は着陸現場に近づき、メタリックな光る服に身を包んだ男2人を目撃。２人はかがみ込んで何か大きな物体を見ていたが、目撃者に恐れをなして巨大な空飛ぶ円盤に飛び乗ると、円盤は回転しながら空に上っていった。男性がＣＩＡに証言したところによると、飛行物体は全体がコマのように回転し、緩やかに上昇していったという。男性は夢かとも思ったが、飛行物体が着陸した地点には地面に円環状の跡が残っていたという。

一方、こうした現象に懐疑的な人は、53年に発見されたとするＵＦＯについて、科学者から成る諮問委員会が作成した書類を見れば、自身の主張の裏付けとなるだろう。

この文書によると、諮問委員会のメンバーは、52年から寄せられていた複数の目撃情報について、信頼できるデータや合理的な説明がないことをめぐり議論。ＵＦＯの目撃情報が国家安全保障上の直接の脅威につながることを示す証拠は存在しないとの結論を、全会一致で下した。「空飛ぶ円盤」や「光る球体」については、軍用機や氷の結晶に反射した光などにより説明できるとしている〉

イギリスでも、第二次世界大戦中、ドイツ爆撃に出撃した爆撃機搭乗員がＵＦＯを目撃したのですが、当時の首相チャーチルが厳命し、公表されませんでした。その後チャーチル自身がＵＦＯ目撃談を認めましたから、いまでは当時の搭乗員たちも証言し始めています。しかし、あまりにも時間が経過しているので、ＵＦＯ否定論者たちが満足するような証拠は出てこないでしょう。

すでに火星にはコロニーが

私が二冊の本を上梓したあと、サリバン氏との縁で、アメリカ・アダムズ山でのツアーで知的生命体との遭遇を経験した人たちにお会いしました。八王子に住むＫさんご夫妻です。ご主人は音響関連会社の技師で、現地アダムズ山麓（さんろく）で知的生命体を目撃しました。そのとき次のページの写真を見せてくれたのですが、「これを見たら信じる以外にないでしょう」といいます。

夜間のコンタクト・ワークですから、アダムズ山の画像は暗くて不鮮明ですが、その中央やや左下に光体が写り込んでいます。これはジェームズ・ギリランド氏が撮影した動画のスクリーンショットです。光体は左上から右下にゆっくり移動していました。

このギリランド氏は、カリフォルニア州出身で、一九五二年生まれ。一〇代後半に海で臨死体験をしたのち、ヒーリング能力などを手に入れたといいます。

その後、カリフォルニア州からアダムズ山麓へと移り、そこでＥＴとのコンタクトを始めました。現在はＥＣＥＴＩの代表者として活動するかたわら、コンタクティやＵＦＯ研

アダムズ山の中腹の発光体は宇宙船のエネルギー体（写真：ジェームズ・ギリランド）

究家としての活動を行っています。そんな彼の地道な活動は世界中の注目を浴びています。

ギリランド氏がこの地で撮影したドキュメンタリー映画『コンタクト・ハズ・ビガン』は、日本でも公開されました。

アダムズ山の現場でツアーに参加したKさんたちツアーメンバーのなかに、火星から帰還したばかりだという元海兵隊員がおり、話題の中心になっていたそうです。にわかには信じがたい話ですが、この元海兵隊員は、火星に建設されているコロニーを、火星の生命体から防護するために参加していた、のだそうです。

まえがきで述べた通り、最近、NAS

Aが公開し始めている火星の情報に合致しており、私は強く興味を惹かれました。

火星人といえば、あのクラゲのような形態を思い出します。しかし、まずコロニーは地下に建設されており、火星の生命体は地球人のように五体を持つものではなく、地中動物、感じとしては爬虫類のような生命体なのだといいます。

彼らは火星における自分たちの生活圏を守るため、地球人が建設したコロニーを襲撃してくるのですが、私には、この元海兵隊員が地球・火星間をどのような手段で往復しているのかが気になりました。

しかしサリバン氏は、ロッキード社の創設者から、「われわれ人類は宇宙人を地球に連れてこられるようなテクノロジーを既に保有しており、惑星間の旅行も可能になっている」という言葉を聞いています。おそらくフリーエネルギーを活用しているのではないでしょうか。

二〇一六年四月二八日には、共同通信も、次のように報じました。あまりにも偶然ですが、既に探査は進行しているのかもしれません。NASAの思惑に反して、すべてが商業ベースにならないことを祈ります。

〈米宇宙ベンチャーのスペースXは27日、民間企業としては初めて、火星に向けた無人宇宙船レッドドラゴンを2018年にも打ち上げると発表した。自社ロケット「ファルコンヘビー」で打ち上げ、エンジンの逆噴射による火星への着陸を目指す。
イーロン・マスク最高経営責任者（CEO）はツイッターで「ドラゴンは太陽系のどの惑星にも着陸できるよう設計されている。火星は手始めの実証試験だ」とコメントした。
火星への着陸は、米航空宇宙局（NASA）が、比較的小型で軽量な無人探査機をエアバッグで包んだり、パラシュートで減速させたりして行っているが、6トンもある大型の宇宙船を着陸させる試みは初めて。将来の火星入植を目指し、物資や人の輸送を見据えた実験となる。（中略）
米宇宙専門サイト「スペースフライト・ナウ」によると、逆噴射は搭載した8基の噴射機「スーパードラコ」が行う〉

ロシアアカデミー日本人のUFO飛行原理

ここで、一人の人物に登場してもらいます。ロシア科学アカデミーのスミルノフ学派数理物理学最高責任者、佐野千遥（さのちはる）博士です。博士は「テレポーテーション分野」の専門家です。

　ロシア科学アカデミーといえば、宇宙学者のヴャチェスラフ・ドクチャーエフ博士も所属しますが、二〇一一年にコーネル大学の電子ジャーナル「arXiv」に、ドクチャーエフ博士の「ブラックホールは高度な宇宙人の住処説」が掲載されています。

　佐野博士の専門は数理物理学ですが、知的生命体の存在にも関心を持っておられます。靖国会館での私の定例講演会に参加してくださったとき、少しだけ「瞬間移動の可能性」について触れてもらいました。ここでは頂戴した専門的な論文「UFOの反重力・テレポーテーション・タイムマシンの正規物理学による論証・説明」の一部を引用しておきます。少々長くなりますが、久しぶりに物理学の授業を受けている気分に浸ってみてください（難しい漢字を若干、ひらがなに換えました）。

〈私はスミルノフ物理学の講義で、テーブルの上に横たえたゆで卵を手で回転させれば立ち上がる、つまり重心が持ち上がる、反重力によって、即ちどんな物体でも自転を加速すれば反重力が生じ、自転を強力に加速すれば実際に宙に浮き上がることを物理学的に説明した。

ナチスが反重力について研究初期に使った実験の動画を見ると、自転を猛烈に加速しただけでマシンが宙に浮きあがっている。しかし乗り物自体がぐるぐる回ってしまったなら、人間は遠心力が原因でなかに乗っていられないのだから、人が乗れる反重力の乗り物は、電子やS極磁気単極子の自転の加速により反重力を発生させる必要がある。

圧電体＝ピエゾ物質（圧縮したり引き伸ばしたりすると両端に電位差を生じる物質。逆に両端に電位差を与えると圧縮したり伸びたりする）は、最初キューリー夫人が石英を使って実験しているときに発見した。

焦電体（電気石や酒石酸等の顕著な圧電体）はそれより遥か以前、一七五六年、ドイツの物理学者フランツ・エピヌスによって初めて確認された。

しかも、後にスミルノフ物理学派が理論構築した負の誘電率・負の透磁率の世界の存在を実証する事実、焦電体の「加熱時にプラスに帯電する端を同類端、マイナスに帯電する端を異類端」の現象が既にこのときに発見されている。

その後、公には焦電体や圧電セラミックの研究が二〇〇〇年前後に世界中で行われたが、超音波発信以外に大きな成果が確認されていない。

ピエゾ物質を飛行機の翼に貼り付けて（超音波を発生させ）揚力（ようりょく）を増加させるのに成

功した例が出ている。

オーストラリアのカンタス航空のエンジニア、イアン・サーモン氏は、電流を通すと振動する圧電材料で覆(おお)われた翼型をテストした。（電気信号を送って）音が最も効果的なピッチ（音高）になった場合、この翼の揚力は、圧電材料による音のない場合と比べて二二％高まった。

この成功裏のエンジニアリング的実験も、ピエゾ物質と超音波がなぜ揚力を発生させるかのカッコ付「正統派」現代物理学の理論を決定的に欠いている。

飛行機や鳥が普通、揚力を得るには、ある程度の前進速度があれば、翼の断面が上面が凸、底面が直線のために、上面をかすめる空気の流れの速度が底面をかすめる空気の流れの速度より大きくなるために、気圧の小／大が生じて揚力が得られる（流速が大きいと気圧が下がる説明を、カッコ付「正統派」現代物理学はできないが、スミルノフ物理学はできることは既に詳述した）。つまり前進速度がゼロならば、揚力が得られない。

しかし実際に自然界に存在している昆虫の空中静止浮揚の現象に付いては別の仕組みが働いているのである。

鳥も昆虫も夜は普通飛ばない。それは、日中は太陽の光に上から照らされて、翼、羽の上面の温度が底面に比し相対的に高くなる結果、上面がプラスに底面はマイナスに帯電（つまり上面がN極に底面がS極に磁化され）、ピエゾ物質コラーゲン、ピエゾ物質キチン酸でできた鳥も昆虫の翼のように、羽の厚みが増加して内部が負の誘電率・負の透磁率となり、たとえ極度に微弱な電位差であっても、そこにビーフェルト・ブラウン効果でマイナスの極からプラスの極へ向かった真空を足場にした力が生じ、しかもそれは負の誘電率・負の透磁率下でのビーフェルト・ブラウン効果であるために、強力な反重力が生じ、いとも楽々とした鉛直方向揚力飛行が実現する。（中略）

このように軽量でかつ非常に性能の良いピエゾ物質である昆虫の羽を利用して、実際、反重力ＵＦＯを創り、空を飛行したロシア人昆虫学者がいる。その名はグレベンニコフで一九九〇年代に撮影されたその反重力飛行の実験画像がある。

圧電セラミックスの研究があるが、軽量化という点で昆虫の羽に遥かに劣っており、ＵＦＯ建設のためには昆虫のキチン酸の羽が貴重な資源となる。（中略）

私・佐野千遥はスミルノフ物理学講座で、ゼーベック効果で物体の二点に温度差があれば電位差が生じ、その物体がピエゾ物質であって温度の高低の向きに適切に置かれていれば、いかにして負の誘電率を創り出すかの物理学原理を説明した。

ソレノイド・コイルの内側空間が負の透磁率であることは小学生でも理科の実験で確かめることができる。スミルノフ物理学の正四面体座標のｔ時間軸は実軸であるのでその運動方向に向いた時間軸ｔに垂直な平面内での空間移動は時刻ｔに変化なしに行われることとなる。つまり時間軸ｔに垂直な平面内での空間移動は時間がかからず無限大速度となり、瞬間移動・テレポーテーションとなる（以下省略）〉

あまりにも高度で専門的な用語を駆使した説明ですから、一度読んだだけでは理解困難なところがありますが、要はＵＦＯのように特殊な飛行をすることは「科学的に可能だ」ということが理論上示されているわけです。

ただ、現状のテクノロジーがそこまで進化していないだけでしょう。しかし、この技術をエリア51か52にこもって研究している誰かが、既に開発しているとしたら……。

フリーエネルギーとは何か

ここで、サリバン氏がいう人工飛行物体論につながります。彼も「フリーエネルギー」についてこう語っているのです。

「SDI、すなわち戦略防衛構想などには莫大な予算が動きますから、情報を捏造することで利益を得ようとする企業や個人も多いのです。メディア関係者や法律制定者にも情報操作されたままの人がたくさんいます。宇宙人の脅威をあおり、恐怖心で洗脳するためにディスクロージャーが利用されないよう、注意深くチェックする必要があります。

全面的な事実を一気に明らかにすると、情報操作に利用される危険があるため、どこまで公開するか、グリア博士はそのガイドラインを制定しています。

これまでのUFOや宇宙人をめぐる機密主義の根本原因の一つは、フリーエネルギーです。フリーエネルギーの情報が公開されれば、石油、石炭、天然ガスなど、既存のエネルギー産業とその利権が失われます。そうした利権を守るために、UFOや宇宙人情報は捏造されてきたのです。

エネルギー産業の利権を独占している全人類のなかの一％以下の人の利益のために、彼らにとって都合の悪い話はなかったものとされます。彼らは高次元のテクノロジーを封印することで、石油燃料に依存するパラダイムを無理やり続けているのです。

フリーエネルギーについては、一〇〇年以上前から研究が続けられ、テスラ博士などの発見もありました。地球文明はもっと進んでいるはずなのに、一部の権力者によって、五〇年も一〇〇年も、わざと遅らされているのです。

ディスクロージャーにより、地球人は宇宙で孤独な存在ではないとわかると同時に、テクノロジーもすべて明らかにされます。UFOが地球までやって来るのに、石油や石炭を使っていないことは明白なので、高次元のテクノロジー分野の話題になり、フリーエネルギーが明らかになります。

そうしたテクノロジーが存在することをすべての地球人が知ってしまうと、現状の経済体制は一気に変わります。そんな事態になるのを怖れている権力者の存在こそが、UFOで秘密主義が保たれた大きな根本原因です」

佐野博士のテレポーテーション原理

二〇一五年一二月に、私は東京・八重洲（やえす）の会議室で行われたジェームズ・ギリランド氏の講演会に招待されました。氏はワシントン州のアダムズ山の麓（ふもと）に研究センターを開設してECETIの活動をしている一人ですが、人類と宇宙人との正しい関わり方について熱心に講義されました。

そこで印象的だったのは、次の言葉です。

講演するギリランド氏（写真：ECETI）

「われわれ肉体を持つ人類は、メンタル体およびエモーショナル体を持つ、振動している連続体の上に存在する多次元的存在である。四次元の低い場所には、悪魔のエネルギーや肉体を持たない霊が存在する」

　何となく『チベットの死者の書』を思い出し、宇宙と知的生命体、そして霊の世界とのつながりを連想しました。加えて、六次元や七次元という高度な世界もあるというのです。

さらに、サリバン氏が「宇宙人は菩薩(ぼさつ)そのものであるといってもいいほどです」といったことの意味が分かったような気がしました。

佐野千遥博士が詳細に「テレポーテーションの原理」について解説してくれましたが、いつの日か、それが証明される日が訪れるに違いありません。そして半世紀も経たずに、漫画『ドラえもん』に出てくる「どこでもドア」のように、地球人は、実用化された「テレポーテーション機材」を使って宇宙空間を移動しているのかもしれません。

佐野博士は、こうも語っています。

「みなさんフリーエネルギーというと大変な装置と思っているのかもしれませんが、フリーエネルギー自体は、実際はエネルギー保存則さえ超えていればいいのですから、磁石を適切な配置にして次に手を離せば、それだけで生成することができます。

UFOに必要な物理学とは、まったくレベルが違います。ロシアで実際に轟々(ごうごう)と回した永久磁石・永久機関モーターのほか、いくつも永久磁石・永久機関モーターのモデルを考案しました。これからのエネルギーは、一の入力エネルギーを一〇倍とか一〇〇倍に増幅する程度のフリーエネルギーではなく、ゼロの入力エネルギーから大きなエネルギーを発生させる永久磁石・永久機関モーターとなります」

宇宙戦争を招く資源争い

しかし気になるのは、その素材が偏在しているということです。佐野博士はいいます。

「エネルギー源が石油から磁石に移ったとき、磁石の素材はレアメタルのネオジムであり、世界のネオジム埋蔵量の九〇％以上が中国国内の新疆ウイグルとチベットに集中している。このことは、中国が世界を制覇し牛耳る、極度に大きな危険が生じていることを意味しますので、私は警鐘を乱打しております」

つまり氏も、資源確保の欲求が世界戦争と切っても切れない関係にあると見るのです。

また、地球上での戦争は、核分裂反応を利用した兵器もさることながら、その大半は黒色火薬に代表される火薬を使って行われています。そしてこの火薬は、宇宙戦争でどれほど効果があるのか実験されていません。もちろん人類が宇宙空間で、宇宙服に身を包んで戦争するのは愚の骨頂、そこでは人工頭脳を持つロボットが使われるのでしょう。

つまり、ロボットが人間に代わって相手を粉砕する。人類のあくなき貪欲さが目に見えるようですが、決して絵空事ではなくなりつつあります。

私の現役時代、わが国の防空の要は「高高度高速侵入目標対処」にありました。つま

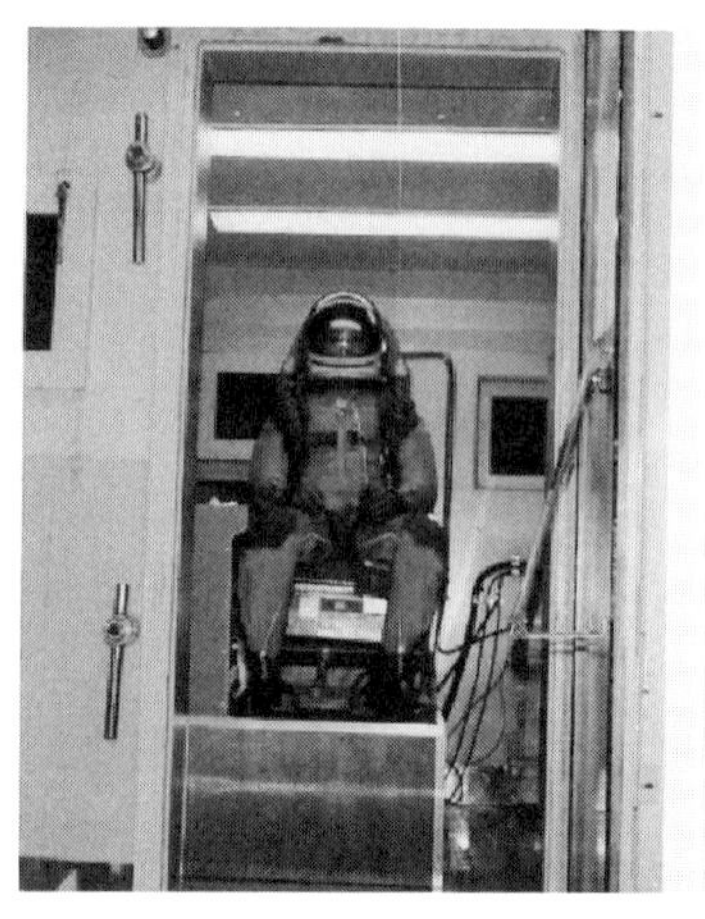
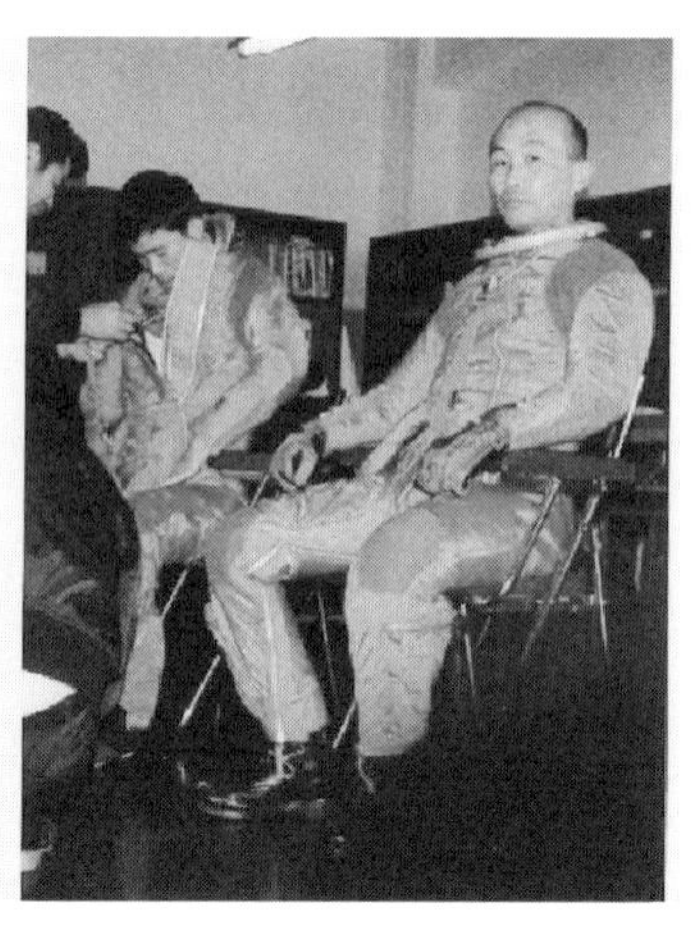

地上で受ける気密服（宇宙服）のテスト

り、宇宙空間に近い成層圏内を、高速で侵入してくる敵爆撃機をいかに撃ち落とすか、というもの。私が乗っていたＦ－４ＥＪファントム戦闘機は、それに高高度で対処するため気密服（宇宙服）が貸与されていたので、何度もこれを着て成層圏に近い空間で訓練しました。しかしその体験からいうと、侵入してくる敵機を一瞬でもやり過ごせば、二度と攻撃の機会はありません。

当時、この宇宙服を着て高高度で要撃可能な機種は、Ｆ－４ＥＪとＦ－１０４Ｊでしたが、だいたい、あのごわごわした宇宙服を着て操縦すること自体が大変でした。また、高高度は空気も薄いので、機体の操縦も低空のときとは感触が違います。

そこで次世代のＦ－15イーグル戦闘機は、大気圏内の低高度から、宇宙に向かってミサイルが撃てるようになりました。パイロットが高高度に昇らなくても、下からミサイルを発射すればよくなったのです。こうしてＦ－15のパイロットは宇宙服を着なくて済むようになったのですが、宇宙空間で火薬を爆発させて相手機を破壊する効果は、まったく未知のものでした。

すると米空軍は、レーザー兵器のほうが有効であることに気づきました。宇宙空間では、ミサイルよりも光の力で撃ち落とすほうが効率的だからです。さらに接近する物体を駆動するのは電気信号ですから、飛んでくる物体自体を破壊するよりも、発射装置を破壊したほうが効果的です。その心臓部分となる電磁波を無力化するほうが手っ取り早い。そこで研究され始めたのが「磁気単極子ビーム兵器」でした。

磁気単極子ビーム兵器とは何か

冷戦時代の一時期、「ビーム兵器」という言葉がはやりましたが、現在は各国が極秘で研究しています。その分野で一歩先んじているロシアは、佐野博士によると、いろいろな機会をとらえて実験しています。

「黒海で米駆逐艦の通信システムを瞬時に機能不全とし、全部取り外して設置し直すまでにして、航行不能に陥らせたロシア軍の磁気単極子ビーム兵器は、私が数理物理学部門最高責任者を務めているロシア科学アカデミーのスミルノフ物理学派が、ロシア軍事研究所に次世代戦略兵器として提供しているものです。

米軍はよく知らないものですから、これを電磁波兵器とか電子兵器、あるいはプラズマ兵器などと呼んでいます。しかし、実は磁気単極子ビーム兵器であり、磁気単極子を浴びせると、普通はまったく磁化できないような物質も強く磁化され、米駆逐艦の全通信システムが瞬時に機能不全に陥ります。チップから配線から、すべてが強力に磁化されてしまうため、回復不可能になるのです。そのためこのときの駆逐艦は、通信システムの全装置を根こそぎ取り替えて、設置し直さなければならなかったのです」

この話を聞き、改めて最近の軍事的事件を調べてみて、愕然(がくぜん)とさせられました。ロシアは既に宇宙戦争の準備ができており、それを地球で実験しているのではないかと思われるニュースが散見されるからです。

佐野博士は、この兵器については、「ロシア軍は米軍の科学技術を完全に凌駕(りょうが)した！」と自身のブログに書いていますから、関心のある方はご覧ください。そこにはこうも書かれています。

「イランのケッシュ氏がオバマ氏と交渉したのは、プーチンの外交的駆け引きとしてなされたもので、米軍はこれで騙されて、その『電子兵器』はケッシュ氏がロシア軍に提供したものと信じ込まされていますが、これは実はプーチンが提供者スミルノフ学派を隠すためのものでした」

　このケッシュ氏とは、一九五八年にイランに生まれ、現在はベルギーのブリュッセル在住。父親はX線技術者であり、核物理に関する高度な教育を求めてヨーロッパに移住しました。一九八一年にロンドン大学クイーン・メアリーを卒業したあと、核反応システム制御に特化した核研究に取り組み、約三〇年になります。そして、現在は主にフリーエネルギー、地球温暖化、エネルギー枯渇問題、水・食料問題に取り組んでいる人物です。

　佐野博士は、こうもいっていました。

「近く米軍は韓国から撤退し、次期米大統領が誰になろうが、もはや日本がどこかの国に攻撃されても守るつもりはないでしょう。ですから私は、日本は軍事科学技術が世界一進んだロシアと結ぶべきだと主張しているわけです」

　わが国の現状は、一言でいえば「極楽とんぼ状態」。地球上の危機にまったく無関心ですから、非常に心配です。

そのあと佐野博士は、「UFOの反重力・テレポーテーション・タイムマシンの正規物理学による論証・説明」の、「第一章：UFOの反重力」「第二章：UFOの瞬間移動（テレポーテーション）」「第三章：UFOのタイムマシン」をくださったのですが、非常に専門的な内容ですから、ここでは省略します。要は、UFOの反重力と瞬間移動、そしてタイムマシン効果は、理論的に、既に解明されているということです。

その反重力・テレポーテーションとの関連性を物理学理論として解明したのが故スミルノフ博士の遺志を継いで佐野博士が集大成したスミルノフ物理学体系だといいます。

いずれにせよ、UFOという一般的な未確認飛行物体について、人々は大いなる関心を持っているのですが、まだミステリアスな存在であり、オカルト的なカテゴリーに分類されています。

しかし佐野博士によると、既に理論物理学上、その存在は証明されています。そして、錯綜（さくそう）する世界情勢下、ある「勢力」によって極秘裏に研究が進められているといいます。しかしそれは、世界制覇のためではなく、宇宙征服の手段として研究され続けているらしいのです。

急激に進歩したＤＮＡ研究の背景

しかし、エリア51の異常な警戒ぶりは、情報防衛のための行為だとは理解できても、基地内に存在するといわれる「エイリアンの死体の謎」になると、話は違います。そこで次は、宇宙人と関係があるかどうかは不明ですが、近来急激に進歩した研究に目を向けてみましょう。

アメリカでは冷戦後、政府の情報隠蔽に対して反対運動が活発化します。そして、サリバン氏が所属する「ディスクロージャー・プロジェクト」が活動を開始します。

そんななか、「宇宙人からＵＦＯ内で生体実験を受けた」という女性らが出現し、なかには妊娠させられたという女性も現れました。これらはメディアで頻繁に取り上げられるようになりました。

宇宙人がＵＦＯ内で何をしていたのかは疑問ですが、一部には「創造した地球人の出来具合を検査しているのだ」などというまことしやかな説も生まれ、そこで話題になったのがＤＮＡです。

そういえば、イエス・キリストの母マリアも「処女懐胎（かいたい）」してキリストを産んだといわれています。知的生命体も生殖機能を持つがゆえに、地球人のDNAを調べているのでしょうか。

DNAは「デオキシリボ核酸という遺伝情報をコーディングする生体物質」で、単に遺伝子という意味として使われることも多い。DNA研究者として有名なワトソンとクリックが、DNAの「二重螺旋(らせん)構造モデル」の提唱者だといわれます。

またDNAは、アデニン(A)、チミン(T)、グアニン(G)、シトシン(C)の四つの塩基、デオキシリボース(五炭糖)、リン酸から成り立つ構成単位(ヌクレオチド)を有します。そして、このヌクレオチド同士が結合して鎖を作り、二重螺旋構造が形成されるとされます。

こうして最近は、塩基配列を知るというレベルではなく、個体差を比較したり、遺伝子の発現パターンをプロファイリングしたりといった研究も実現可能となってきました。すなわち、遺伝子がどのように生物体で機能しているのかが明らかになりつつあります。宇宙人の秘密も、地球人の秘密も、やがて解き明かされる日が訪れるに違いありません。

地球人は科学的に創造されたのか

こう考えると、私がブログ読者からいただいた一冊の本『地球人は科学的に創造された』の内容が気になってきました。この本で、著者のラエル氏は、宇宙人に教えられつつ聖書を読み解いているのですが、そのなかには興味深い一文があります。

お断りしておきますが、私はクリスチャンではありませんので聖書には疎い。しかし、ヒストリーチャンネルの「古代の宇宙人」などを見ていますと、キリスト誕生秘話とでもいうべき話題には事欠きません。ここでは一つの説として紹介します。（出典：『地球人は科学的に創造された』ラエル・著）

〈キリストは、聖書に記述されている真実を地上全体に広め、あらゆることが、科学によって説明される時代になったときに、すべての人間にとって、聖書の記述が証拠として役立つようにしなければなりませんでした。

このために創造者たちは、彼らの中のひとりと、人間の女性との間に子どもを儲けることを決め、その子どもに、人間には欠けている、ある種のテレパシー能力を遺伝的に授けたのです。

「彼女は、聖霊によって身重になった」（マタイによる福音書：一章一八節）

地球人の中からマリヤが選ばれたわけですが、彼女の婚約者にとっては、この知らせは明らかに耐え難いことでした。

「主の使いが夢に現れていった」（マタイによる福音書：一章二〇節）

創造者たちのひとりが彼の元へ行って、マリヤが「神」の子を宿していると説明したのです。創造者たちと連絡を取っていた「預言者たち」は「神」の子に会うために遥か遠方からやって来ました。創造者たちの一機の宇宙船が、彼らを導いたのです〉

新約聖書・マタイによる福音書の、マリアは「聖霊（筆者註：つまり知的生命体）によって身重になった」とされる箇所は、創造者たちのなかから選ばれた者との「生物学的接触または人工授精」によって身重になったのだと解釈されます。

著者のラエル氏自身は、一九七三年一二月一三日の朝、フランスのクレルモン・フェラ ンという町に近いピュイ・ド・ラソラ火山の噴火口近くで、突然、霧のなかに赤い光が見え、ヘリコプターのようなものが音もなく現れて、地上から二〇メートルほどの高さに停止するのを目撃します。

直径は七メートル程度、底部は平らで上部は円錐形、高さは二・五メートルほどで、底部では強烈な赤い光が点滅し、頂部ではカメラのフラッシュのような白い光が、パッパッときらめいていました。

その後、機体は地上二メートルくらいのところで停止し、機体下部の上げ戸が開き、タラップが地上に下ろされます。そしてそこから、一・二メートル前後の身長、切れ長の目、髪は黒く長く、短くて黒いあごひげを生やした「人物」が降りてきます。

こうしてラエル氏は、異星人と遭遇するのですが、氏は「こちらのいっていることが分かるのかどうかを確かめなければ」と思い、「どこから来たのですか？」と尋ねます。

するとその「人物」は、やや鼻にかかった力強い声と、はっきりとした発音で、「とても遠くから」と答えました。そこで、「フランス語を話すのですか？」と聞くと、「世界中のあらゆる言語を話せます」といいます。

こうしてラエル氏は、この「人物」からいろいろな話を聞くことになったのですが、その一部が先述したキリスト誕生秘話とでもいうべきものでした。

メキシコ政府が支援するＵＦＯ研究

ＵＦＯに関する情報を懸命に隠蔽しようとしている「勢力」があるとサリバン氏はいい

ましたが、宇宙技術の発展もあり、近年、次々と目撃情報が公表されています。

　国内でも私の友人たちは常にＵＦＯを目撃しています。ある若い女性は、「数年前のことで、記憶が鮮明ではなく恐縮ですが」と断りつつ、「京都府船井郡丹波町の山奥の山荘に滞在中、春か秋、それほど寒くない季節」のことを話してくれました。

　彼女は夜の六～七時頃、部屋から外に出て別棟に行く途中、庭のほうに目を移しました。すると一〇メートルほど先の地上三〇センチくらいの位置で、楕円形の小さな物体が光を放って、止まって浮いているのが見えました。彼女は、「これがＵＦＯなんだ」と、疑うこともなく感じたそうです。

　その物体は一瞬、一瞬、光を発し、その色は無色で明るく点滅していました。あまりに綺麗なので、三〇秒から一分くらい見とれていたところ、いつの間にか消えていました。

「光の輪は、どこから来て、どこへ行ったのだろう。私たちもこの現象世界に生まれて、最後はどこへ行くのだろう」と思いながら、同行した仲間に目にした光景を恐る恐る話しました。すると、「ここでは見る人が多いのよ」で終わり……どうやら多くの人が目撃しているようでした。

　ラエル氏の目撃談に酷似（こくじ）しているように思いますが、二〇一二年六月一八日の東京スポーツ紙にも、「古代マヤ人と宇宙人の接触の証拠発見」と題した記事が載っています。

〈昨年（筆者註：二〇一一年）末、メキシコ政府が発表したマヤ文明に関する文献や遺物から、古代マヤ人がエイリアンと接触していた証拠が次々と発見されている。現在製作中のドキュメンタリー映画『マヤ２０１２年の新事実、そしてその後』（今年12月、世界公開）でそれらが公開される〉

この映画のプロデューサーであるラウル・ジュリアは、「古代マヤ人たちがエイリアンと接触していた証拠が大量にある」と話していますが、記事にはこう書かれています。

〈メキシコ観光大臣のルイ・オーガスト・ガルシア・ロサド氏は「マヤ文明の画期的で新しい歴史的証拠が出現しました。マヤ人とエイリアンとの接触の証拠が、政府の地下重要書類金庫に秘蔵されていた、ある教典の翻訳によって明らかになったのです。そこには３０００年前にジャングルに着陸した円盤の姿と当時の様子が描かれています」と胸を張る。

メキシコだけではない。グアテマラにも未調査のマヤ遺跡が多数残っている。調査撮影が始まった当時、グアテマラ政府はこのエイリアン説に懐疑的だった。しかし、新たな遺物や文献が発見されていくにつれ、同政府は未調査の遺跡エリアへの調査権をラウル氏たちに与え、プロジェクトは一気に前進した。

グアテマラのギエルモ観光大臣は、「この革新的な発見は、古代マヤ文明の真の姿を浮かび上がらせる価値あるものだと信じています」と発表している〉

メキシコ政府がラウル・ジュリア氏の調査研究を全面的にバックアップしているといいますから、単なる観光客目当てのほら話ではなく、信憑性（しんぴょうせい）は高いといえます。

石垣島でコンタクト中に遭遇

次のページの画像は、サリバン氏から送られてきたもので、二〇一六年二月二九日に、沖縄県石垣島で行ったコンタクト・ワークショップ中に出現した宇宙船です。正確な場所は、石垣島北部の伊原間（いばるま）海岸、そこのトムル崎という岬だそうです。時刻は夜の一一時二五分でした。

宇宙船から美しいブルーの光が出ている。その右の海岸線に見える街灯に比べると違いは鮮明

「グラウンド・ライト」現象が確認された岬には、グーグルマップで確認しても灯台はない

日中の景色にも灯台は写っていない

サリバン氏によると、第五種接近遭遇コンタクトの手順を使ってワークをしているとき頻繁に体験する「グラウンド・ライト」現象というもので、宇宙船が地上に降りた状態で光を出してくれたのだといいます。ちなみに、その岬には灯台はありません。

この現象は、決して偶然のものではありません。既に双方向の交流関係が完成しているからこその現象であり、サリバン氏が世界中で行っているコンタクト活動の結果でしょう。

私も二〇一五年三月末、山梨県の山奥で、このコンタクト体験を行いましたから、よく理解できます（このことは後述します）。サリバン氏にいわせると、宇宙船の飛来は、もはや偶然ではないということです。

次もサリバン氏から届いたものですが、二〇一六年五月一四日、サリバン氏は第五種接近遭遇ツアーで、仲間たちと宮崎県綾町（あやちょう）にいました。そこは宮崎県宮崎市の北北西約二〇キロ、航空自衛隊新田原（にゅうたばる）基地から西南西約二二キロに位置する山岳地帯です。

この日は「光体型宇宙船」が反応してくれたそうで、写真撮影に成功したといって、次のページの写真を送ってくれました。これは多くの目撃者が出たので、現地の新聞にも報道されました。

2016年５月14日の第五種接近遭遇のワーク中に反応したUFO

宇宙船の右側に伸びる光の帯は、サリバン氏が仲間に指示しているレーザービームです。レーザービームは、サリバン氏が参加者たちに特定の星を指示するときに用いるものです。

実は、私が体験した山梨でのツアーでもそうでした。「あ、これですね。ここに来ています」などといってはレーザービームで指してくれたのです。

周辺にある他の明かりはスマホや近くの道路の明かりだそうですが、コマ型の光体は明らかに強い光を発していることが分かります。

ところがその三日後に、この周辺では、様々な怪現象が起きました。たとえばコンタクト・ワーク参加者の知り合いのサーファーたちが、近くの海で謎の光を集団で目撃し、Yahoo！ニュースにも「謎の光る物体」として紹介されたのです。

また現地の「宮崎日日新聞」は、二〇一六年五月一八日、「謎の物体海に落下？　青や白に発光、日向で目撃次々」として、次のように報じました。

〈日向（ひゅうが）市のお倉ケ浜総合公園周辺で17日、何らかの物体が海面へ落下したという目撃情報が相次いだ。日向署によると、複数の住民が「青色っぽい物が飛んでいった」などと話したという。

同署に通報があったのは同日午後5時10分ごろ。「青色っぽい物が西から東に落ちていった」という内容だった。

同署員などが現地で聞き込みを行ったところ、サーファーらが「松林の上を何かが飛んでいくのを見た」「ドンという音を聞いた」などと証言したという〉

サリバン氏のワークから三日後に、日向灘に落下したという光体のニュースは、私にあることを思い出させました。

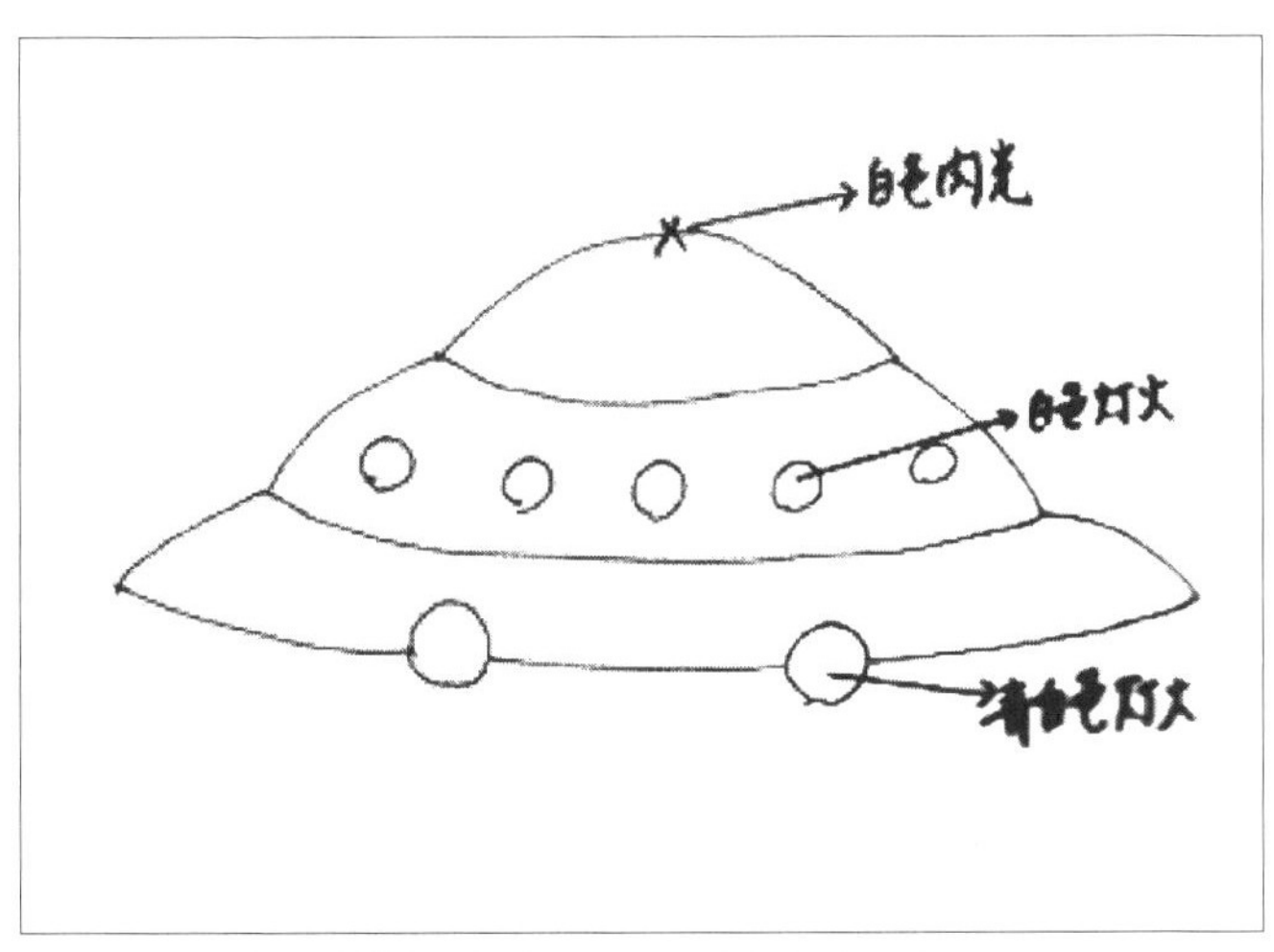

佐々木隊長が部下から見せられたスケッチ

『実録・自衛隊パイロットたちが目撃したＵＦＯ』（講談社＋α新書）では、仲間たちの多くの体験談を紹介しました。そのなかの、急上昇中のＦ－１０４に迫る物体のケースです。一九七五年一〇月二八日午後七時三〇分ごろ、ホット・スクランブル（実任務）から新田原基地上空に帰投した第二〇四飛行隊長の佐々木淳二佐が、光る謎の物体に執拗に追跡されたという事例です。

佐々木隊長はレーダーサイトに「ストレンジャー（正体不明機）が近くにいる」と伝えましたが、「レーダーには何も映っていない」という返答。そこで高度を変えてみようと、二番機と共にアフター　バーナーを点火しました。そうして三〇〇〇メートル以上急上昇し、そこで振り返ると、なんとその「光る物体」も、同じ位置にいたというのです。

気味が悪くなった佐々木隊長は、なるべくその光を見ないようにして雨雲に突っ込み、地上に帰投しました。すると地上で、部下たちから「こんな物体ではなかったですか？」と、スケッチを見せられます。

それは佐々木隊長が目撃した物体そのものでしたが、実は部下たちも、普段よく目撃していたというのです。

ところがこれには、次のような不思議な話が加わります。

まず、この事件の何日か後に、海上保安庁が大分の漁船から、「日向灘の深海域に、なぜか非常に浅い場所がある」という報告を受けたのです。

そこで海上保安庁は、第五航空団（新田原基地）に同海域の探索依頼をしました。こうして航空自衛隊の各飛行隊は、訓練飛行の帰投時に当該海域を低高度で飛行し、捜索に協力しました。海保も、東シナ海で海洋調査中の調査船を同海域に派遣したのですが、結局、何も発見できませんでした。

この話には、奇妙な尾ひれが付きます。新田原基地でＵＦＯ騒ぎがあったころ、パイロットである私の同期が、奇妙な体験をしたのです。

彼は、スクランブル任務で滑走路の端にある待機所にいました。すると、滑走路の北側の道路を小型トラックで走行してきた警備員が、「車に轢(ひ)かれたと思われる直径八〇センチほどの大きなクラゲが、道路上に落ちています」と、報告したのです。

現場に行ってみると、車に轢かれたと思(おぼ)しきクラゲは既に原形をとどめていなかったそうですが、「どうして陸の高台である飛行場に、クラゲ状の物体が落ちていたのだろうか」と、いまでも不思議に思っているというのです。

新田原飛行場は海抜約七〇メートル、海岸からは約五キロ内陸部に入った位置にあります。とてもクラゲが泳いできたとは思えません。これほど大きなクラゲですから、鷹(たか)や鳶(とび)が運ぶ途中で落としたとも考えられません。

ところがその日の夕刊には、日向灘事件と同様、新田原飛行場上空でＵＦＯを目撃した人が複数いると報じられました。飛行隊では、映画などでは宇宙人がクラゲ状に描かれることが多いので、「さては、あれは宇宙人だったのか」という笑い話になったそうです。

しかし、日向灘から発進したＵＦＯに引っかかって、新田原まで運ばれてきたのだとしたら……少なくとも、辻褄(つじつま)は合います。

サリバン氏の宮崎におけるコンタクト・ワークで起きた現象は、すでに人間と地球外生命体の双方に友好な交流関係ができあがっていたからこそのこと。サリバン氏が世界中で行っているコンタクト活動の成果だといえるでしょう。

ロシアの隕石はUFOだったのか

UFOのみならず、天体の異常現象も頻繁に報道されています。

とりわけ二〇一三年二月一五日に、ロシア南部チェリャビンスク州一帯に落下した隕石は一キロ以上の重さがあり、世界中を驚かせました。その衝撃波は二回にわたって確認されていました。核兵器の大気圏内爆発音を捉える国際監視機関が探知。国境付近で、そのときの高度は約七〇キロだったそうです。

隕石は、分裂する直前、直径が約三〇キロもあったとされ、この隕石の爆発的分裂によって発生したエネルギーは、NASAによると、TNT火薬換算では約五〇〇キロトン、広島型原爆の三〇倍以上に当たると見積もられています。その結果、地上の被害は半径一〇〇キロに及び、負傷者は一二〇〇人にも達しました。

一方、二〇一六年一〇月三一日には、青森、秋田、新潟、神奈川の各県で、北方の空

ロシアに落ちた隕石（写真：ゲッティイメージズ）

テレビ新潟がとらえて放映した映像

に、一五秒ほどかけて、東から西へ緑色の明るい光が流れていくのが目撃されました。国立天文台などには問い合わせが殺到したといいます。

途中で数十個以上に分裂したことについて専門家は、「氷や砂粒でできた直径数センチ以上の小天体のかけらが大気圏に突入し、地球の上空五〇～一〇〇キロで発光したと考えられる」とコメントしましたが、国立天文台の縣秀彦（あがたひでひこ）准教授は、「火球はよくあるが、今回のように非常に明るく、分裂を伴うものは珍しい」といいます。

しかし、ロシアで起きた現象と日本の現象とで決定的に違うのは、日本では、衝撃波がなかったことです。小さな火球だったにせよ、これだけ広範囲で同じ現象が観測されたのに、衝撃波の報告がなかったのは不思議です。私には、ロシアで起きた事象は隕石だったとしても、新潟などで起きた現象は、何かの異変を知らせるＵＦＯの到来だったように思えてしかたありません。

第五章　宇宙の資源争奪戦争

人口を二〇億人に減らす陰謀

現在、国際連合などは、設立時の意図に反して、紛争抑止には貢献できていないように見えます。とりわけ世界の人口の爆発的な増加は、食糧問題とからんで喫緊(きっきん)の課題であり、これが原因で世界戦争が起きないとも限りません。そんなところから、誰かが人口削減計画を進めているなどという陰謀説が生まれるのでしょう。UFO問題でも、「ナチス・ドイツによる研究だ」とする陰謀説が生まれるのと同じ構造です。

しかし、CIAが隠蔽にこだわったとされるUFO問題の背景には、利権争いの他にも奇妙な動きが感じられます。そこで、いま地球が抱えている問題と宇宙開発問題について、各種の資料を検証してみます。

まず、世界の人口は現在（二〇一七年三月）「七三億九〇〇〇万人（アメリカ国勢調査局と国連データからの推計）」であり、一分に一三七人、一日で二〇万人、一年で七〇〇〇万人増えているとされます。

世界中で一年に六〇〇〇万人が亡くなりますが、一億三〇〇〇万人が生まれているので、毎年差し引き七〇〇〇万人が増加する。したがってどうしても、食糧危機、貧富の差の拡大、地球温暖化などが悪化していきます。

これからは水と食糧が不足するとされていますが、それどころか、食糧の原点たる種子が世界の食糧を制することにもなりかねません。世界では「種子戦争」すら起きているという情報もあります。

一八世紀に始まった産業革命以降、世界の人口増加ペースが速くなってきました。国連の推定では、一九〇〇年におよそ一六億人だった世界人口は、一九五〇年には二五億人となり、一九九八年にはおよそ六〇億人にまで急増、特に第二次世界大戦後の増加が著しいとしています。

今後もこのペースで人口が増え続けたら、各種の資源獲得戦争が起こるのは必至でしょう。そうして第三次世界大戦が引き起こされかねません。それとも、SF映画のように地球外に移住するのか？　あるいは、人口削減計画が秘かに実行されるのかもしれません。

国連が二年おきに発表している「世界人口展望」によれば、二〇二五年には約八一億人、二〇五〇年に約九七億人、二一〇〇年には約一一二億人に達するとしています。

では、世界人口の最適値はどれくらいなのでしょうか？

生物多様性の維持と、地球環境の保持の視点からは、二〇億人（＝一九三〇年の人口）

であると試算されます。また、適切なエネルギー消費は年平均一人当たり一キロワット強、一九九三年時点での発展途上国の使用量と同量になる計算です。

ところが現在、一人当たりの使用量は年間一二キロワットを超えています。これではエネルギー増加に伴う環境破壊によって、多くの種は絶滅し、生物多様性は損なわれます。そして、温暖化による海面上昇や環境汚染によって、人類の居住可能な領域が減少していきます。

また、近年おおいに話題になっている中国の大気汚染……PM２・５の増加で、北京周辺から移住する人も増えています。中国政府の求めにより、北京市は市政府や議会など行政機能を郊外の通州区に移転する計画を進めているありさまです。

大気汚染のみならず、中国では大地も重金属や農薬で汚染され、河川も涸れ、沿岸部では魚介類の死滅も頻発……今後、中国政府は、飲料水や食糧の獲得に動く可能性があります。他国の領土への侵出もあるでしょう。中国による資源奪取戦争の勃発が目に浮かぶようです。

このように、人口爆発は戦争をも誘発します。そして、これは直接、宇宙空間にも影響することを忘れてはなりません。

一国家の身勝手な行動によって地球が居住不可能になり、張本人たる地球人が宇宙に進出する……知的生命体が警戒心を持たないはずがありません。

ケムトレイルと電磁波操作の謎

「ケムトレイル」をご存じでしょうか。ウィキペディアの説明が分かりやすいので、短くまとめてみました。

これは航空機が化学物質などを空中噴霧することで、飛行機雲に似た航跡を生ずるとする「chemical trail（ケミカル・トレイル）」の略語です。航空機から散布された何トンもの微粒子状物質で、アスベスト、バリウム塩、アルミニウム、放射性トリウムなどを含む有毒金属を含んでいるとされます。

アメリカ国防総省、アメリカエネルギー省、国立研究機関、大学、民間の防衛産業、製薬会社などが係わっている巨大な組織が推進し、航空機から散布された何トンもの微粒子状物質は、大気を高電荷の導電性プラズマにするとされます。ケムトレイルを通常の飛行機雲と比較すると、航跡がより長くて広がり、独特な形の雲に変化していくことが多いようです。

サリバン氏は、宇宙人が、この有害なケムトレイルを除去しているとして、次のようにいいます。

「福島の会津若松を歩いていたところ、目の前の空に、ケムトレイルの白い線が描かれている現場に遭遇しました。

その線は、急に途絶えたかと思えば再び描かれるなど、不自然な現れ方をして、明らかに人工的なものでした。人類に害を及ぼす化学物質が、こんな形で地球の上空に出現するということに、怒りがこみ上げてきました。

東京に戻っても、杉並区の上空で、二機の飛行機が同時にケムトレイルを撒く様子も頻繁に目にするようになりました。それと同時に、空中の閃光(せんこう)も目撃しました。昼間は判別しづらく、閃光の間隔も短いので、見分けるのはむずかしいのですが、私にはそれが、宇宙人たちの活動であるという確信があります。これが、宇宙人との個人的なコンタクトを始めるきっかけとなりました」

私は、このケムトレイルからベトナム戦争時代に米軍が空中に散布した枯葉剤を連想し、不愉快になります。

二〇三〇年に訪れるミニ氷河期

さらに、地球温暖化を自ら引き起こした地球人は、いまになって大騒ぎしています。過大になった生産活動で、CO_2や温室効果ガスの排出量が増えた結果です。そんな科学界の実態をよく表しているのが次の記事でしょう。

〈日本をはじめ主要国が地球温暖化対策として、15年後の２０３０年をターゲットに温室効果ガスの削減目標を設定しようとするなか、その２０３０年には地球に「ミニ氷河期」がやってくる――。英国の研究チームが数学モデルに基づき発表したこんな衝撃的な研究結果が欧米で大論争を巻き起こしている。この研究チームは、新たな算定方法で、太陽の活動周期をもとに、ほぼ１００％の確率で15年後にはミニ氷河期がやってくると警告している。

英紙インディペンデントや米紙ウォールストリート・ジャーナル（いずれも電子版）などによると、この研究結果は、英ノーサンブリア大で応用数学や天文学を専攻するバレンティーナ・ザーコバ教授の研究チームが今月、英ウェールズで開かれた王立天文学会の国立天文会議で発表したものだ。（中略）

ザーコバ教授率いる研究チームは、太陽の表面近くでも発電効果が起きていることを突き止めた。研究を進めて、太陽内部の異なる二層でそれぞれ電磁波を発見。それをもとに算定したところ、黒点が今後、大きく減少して２０３０年には、太陽の活動が現在の60％減と大幅に低下してミニ氷河期が到来することが分かったという。

太陽天文学者の間では、黒点が大幅に減少する「マウンダー極小期」にミニ氷河期が起きるとされている。（中略）

では、ザーコバ教授の主張は荒唐無稽なものなのか—。思い起こせば、米航空宇宙局（ＮＡＳＡ）のコンサルタントやスペースシャトルの技術者を務めたジョン・ケイシー氏もザーコバ教授と同様の懸念を表明している。ケイシー氏は昨年9月に出版した自著『ダーク・ウインター』で、ミニ氷河期の到来で穀物の不作や食糧暴動が発生する可能性があると警告し、話題となった。

果たして、地球は温暖化に向かっているのか、それともミニ氷河期が到来するのか—。この論争は２０３０年まで続く？〉（二〇一五年七月二六日付「産経新聞」）

遅ればせながら環境改変兵器禁止条約と同様に、さまざまな悪影響を防止するための国際的な枠組みを定めた気候変動枠組条約が締結されました。京都議定書（その後パリ協定）です。

適正人口の維持のために

そこに、こんなニュースが飛び込んできました。「中東・北アフリカ地域が急速に灼熱(しゃくねつ)気候へ変動しているので、現代版『出エジプト』が起こるか」という、ドイツの学術研究機関、マックスプランク化学研究所の研究です。概要は、ネットメディアの「大紀元」を参考にさせていただきました。

プロジェクト・チームは、「一九七〇年から中東と北アフリカ地域で毎年観測される灼熱日の日数が倍増している」として、「地球規模の気温上昇に伴って、この傾向は今後も続くと見られている」から、「将来的に中東と北アフリカ大陸の大部分で気候変動が起こり、この地域に住む人々が危険にさらされる可能性」がある、とします。その結果、「中東や北アフリカにある急速に極端な灼熱気候になりつつある地域では、人類の居住に適さないため、これから数十年の間に数万～数百万の人々は他の地域に移住しなければならないだろう」。現代版の「出エジプト」が起こるかもしれないというのです。

同チームは二〇一五年に締結されたパリ協定に基づき、各国は温度上昇の平均を摂氏二度以下に維持しなければならないが、この協定が実現できたとしても、中東と北アフリカ地域の夏の気温上昇はこの二倍の摂氏四度くらいに上昇していくことが予測されるので、今世紀末にはこの地域の日中最高気温が五〇℃に達し、熱波が発生する確率は現在の一〇倍に達すると見ています。

そして、「熱波や砂嵐が続くことにより、一部地域の人々はそこに住み続けることができなくなり、別の場所へ移住せざるを得なくなるだろうと危惧してい」ます。

世界自然保護基金（ＷＷＦ）は、人類による再生可能な自然資源の使用を測定し、公表していますが、それによると、地球一個に対しての適正人口は約五〇億人と推定されています。

ユダヤ人虐殺で悪名の高いアドルフ・ヒトラーは、著書『わが闘争』のなかで、「計り知れない災難から人類を救うために、『価値のない人間』を除去することは政府の責任である」と書いています。そして驚いたことに、アメリカの元大統領、ジョージ・ブッシュ（父）氏も、『世界人口の危機・アメリカの応答』（ニューヨーク・プレアジャー出版社、一九七三年）のなかで、「先進国と発展途上国の差は広がっている。そして、貧しい国々のほうが出産率は高い。インドの飢饉（ききん）、アメリカの望まれない子ども、何百万人という貧しい人々の問題は解決の糸口もない。一九七〇年代の最も重要な問題は……『繁殖を止めること』だろう」と書いているのです。

いずれにせよ、この人口爆発問題には、知的生命体も高い関心を持っているはずです。

ジョージア・ガイドストーンの謎

さて、そこで気になるのは、影の勢力が、ひそかに宇宙人と協力して進めているといわれる、宇宙開発計画です。

その根拠としてよく取り上げられているのが「ジョージア・ガイドストーン」。私も偶然、このモニュメントの存在を知ったのですが、とりわけそこに書かれていた八つの言語による文言が気になりました。これもウィキペディアの解説がいちばん分かりやすいので、概要をまとめてみます。

〈ジョージア・ガイドストーンは一九八〇年にアメリカ合衆国ジョージア州エルバート郡に建てられた高さ五・八七メートル、花崗岩（かこうがん）でできた六枚の厚い石板の合計重量は一〇万七八四〇キログラムのモニュメントで、八つの言語で書かれたメッセージで知られ、その内容が陰謀論的な憶測を呼んでいる。

ジョージア・ガイドストーンには、一〇のガイドライン(あるいは原理)を含むメッセージが刻まれている。メッセージは八種類の異なる言語で記述され、四つの大石板の両面、計八面のそれぞれに言語ごとに記されている。使用されている言語は、建造物の北側から時計回り順に、英語、スペイン語、スワヒリ語、ヒンディー語、ヘブライ語、アラビア語、中国語、ロシア語である〉

八つの言語のなかには、日本語は含まれていませんが、英語と中国語によるガイドラインから翻訳した日本語訳は、次の通りです(「ウィキペディア」より)。

①大自然と永遠に共存し、人類は五億人以下を維持する
②健康性と多様性の向上で、再産を知性のうちに導く
③新しい生きた言葉で人類を団結させる
④熱情、信仰、伝統、そして万物を、沈着なる理性で統制する

ジョージア・ガイドストーン（写真：unmyst3.blogspot.com）

⑤公正な法律と正義の法廷で、人々と国家を保護する
⑥外部との紛争は世界法廷が解決するよう、総ての国家を内部から規定する
⑦狭量な法律や無駄な役人を廃す
⑧社会的義務で個人的権利の平衡(へいこう)をとる
⑨無限の調和を求める真・美・愛を賛える
⑩地球の癌(がん)にならず、自然のための余地を残す

そのまま素直に解釈すれば、実にいい言葉が並んでいるのですが、①の「人類は五億人以下を維持する」という文言が問題でしょう。だれがどんな権利で、そう決める

のでしょうか。

これを建てた「R・C・クリスチャン（仮名）」とは一体どんな人物なのか、どんな団体に所属しているのか、それが気になります。

さらに「天文学的な仕様」としては、中心の円柱には一方の側から反対側へ抜ける穴があり、北極星の方向を見通すことができ、同じ柱には細い横長のスロット穴が開けられ、太陽の冬至・夏至、春分・秋分と同調するよう作られている。まるで古代エジプトやマヤ文明のピラミッドのような構造です（「ウィキペディア」より）。しかし、そんな大掛かりなモニュメントを現代人が建てる、その意味が理解できません。

賛否両論あるなかで広く合意を得ている解釈としては、荒廃した文明を再構築するために必要な基本概念を説明したものだ、という説。また、実際に世界人口を半分に減らす計画が書かれている、などという物騒な陰謀説もあります。いずれにしろ、七〇億を超える地球人の大増殖に危機感を抱いている者が地球上のどこかにいる、ということは確かなようです。

国連に提出された奇妙な条約

ところで、環境改変技術といった、何となくオカルトチックな内容の条約が、国連軍縮委員会（現在は軍縮会議）に提出され、すでに発効していることをご存じですか。

一九七五年七月、私は自衛官の身分のまま外務事務官として外務省国際連合局軍縮室に出向しました。いわば軍事問題のアドバイザーといった立場でしたが、操縦桿をペンに持ち替えて過ごした二年余の勤務は、非常に勉強になりました。

当時の外務省が抱える主題は「核拡散防止条約」の批准（ひじゅん）問題でしたが、私の主たる任務は、ＳＡＬＴ（米ソ間の戦略兵器制限交渉）、化学兵器禁止条約、生物兵器禁止条約（正式名称＝細菌兵器〈生物兵器〉及び毒素兵器の開発、生産及び貯蔵の禁止並びに廃棄に関する条約）など、軍縮委員会で取り上げられる各種軍事問題のフォローでした。

そんな最中の一九七六年末に、国連事務総長が寄託者となって、「現在あるいは将来開発される技術により自然界の諸現象を故意に改変・軍事的敵対的に利用することの禁止を定めることを目的とした条約」が提出されたのです。

当時はベトナム戦争の最盛期で、米軍が使用するナパーム弾や枯葉剤の散布が非人道的だとして、大きな問題になっていました。そんなときでしたから、主に使用しているアメリカの手足を縛る目的で東側から出されたものだ、と受け止められました。

「軍縮」は、日本では、一般的に「軍備を縮小し平和を推進する崇高な行為だ」と捉えられていますが、実は相手を弱体化して自分が優位に立とうとする、虚々実々の戦いなのです。そのため成果は「軍備管理」程度が限界だといえます。

確かに、打ち続く戦争で地球環境は激変し、ベトナムでは奇形児の誕生が問題化していました。提出された「環境改変技術の軍事的使用その他の敵対的使用の禁止に関する条約」は、一九七六年に国連総会決議三一／七二号として採択され、翌年一九七七年五月に署名、一九七八年一〇月に効力が発生するという、短期間で成立した珍しい条約でした。

環境改変技術を悪用して

気象変更技術を応用したケムトレイルもそうですが、天変地異が多発し、地震、火山噴火、豪雨水害などが連続すると、「環境改変技術」を利用したのではないかという、まことしやかな陰謀説が流布されます。

たとえば東日本大震災は、「自然現象によるものではなく、軍事目的の装置ではない高周波活性オーロラ調査プログラム（ＨＡＡＲＰ）という、アメリカが行っている高層大気と太陽地球系物理学、電波科学に関する共同研究プロジェクトで人工的に引き起こされた

NHK仙台放送局が放映した映像。海岸方向に光が映っている

ものだ」という説などがそうでしょう。

一般的に、電離層に対する電波照射と地殻変動による地震を関連付ける論理については、巨大地震が電離層に対して何らかの変化をもたらすことは知られている（たとえば地震雲）が、それらは大規模な地殻変動による圧電効果によって発生するパルスが間接的に電離層にもたらすもの。電離層に対する人工的な電波照射が地震を引き起こしているとは到底考えられない、というのが正解でしょう。

しかし真相はどうあれ、ただでさえ秘密が多い軍事に結びつくと、近年の大規模地震のほぼすべては地震兵器ＨＡＡＲＰによって引き起こされた、などという論調になって拡散します。そしてそれが、「環境改変技術の軍事的使用その他の敵対的使用の禁止に関する条約」がそうであったように、反米運動の一環に組み込まれるので、アメリカは反発します。

この地球人独特の「相互不信」という現象を、同じ宇宙に居住する知的生命体が憂慮していないはずがありません。

ところでHAARPを「地震兵器」と呼ぶ人がいますが、実は東日本大震災から約一ヵ月後の二〇一一年四月七日、宮城県沖地震が発生しました。このときNHK仙台放送局が放映したニュースのなかで、はるか地平線上に奇妙な発光体が観測されています（前ページの映像）。その後、削除されたようですから、一般には知られていないようです。が、一部に「これはHAARPによるものだ」という説が浮上しました。

その正体は未だに謎ですが、この現象は、知的生命体による、何らかの救援活動ではないかと、サリバン氏は指摘しています。

そのサリバン氏からは、二〇一六年の熊本地震の約二ヵ月前、二月二〇日に、熊本県小国町（阿蘇山の北二五キロにある町）での第五種接近遭遇のコンタクト・ワークを記録した動画が届きました。

一番上の画像の右下の線状の光は「グラウンド・ライト現象」といい、地上に降りている宇宙船からの光だとサリバン氏は指摘。その下の２枚はその後、地上で発生した光

そこには、久住山（阿蘇山の北東二五キロにある大分県の火山）の麓の高原で謎の光が浮遊し、その後、山火事でも起きたかのように明るい光芒が夜空に輝く様子が収められています。前のページの三枚が、そのスクリーンショットですが、NHK仙台局の屋上カメラがとらえた仙台沖の光の玉（一四三ページ）に似ています。

サリバン氏は、その後、四月に熊本で震度七の地震が発生したことから、「何らかのシグナルだったのではないか」といいます。そして、地震兵器とは無関係で、これも知的生命体による何らかの救援活動だったのではないかと考えています。

天体異変とUFO

このように、天体異変とUFOの目撃は、最近特に頻繁に起きているのですが、それは進展著しい宇宙開発と密接に関連していると思われます。

サリバン氏にその因果関係について尋ねると、「火山噴火や地震、放射能漏れなど、危険事態が近づいたときに必ずUFOが現れるのは、やはり人類に対する警告なのでしょう」と語りました。

その言葉を裏づけるように、サリバン氏が小国町でコンタクト・ワークを実施した二ヵ

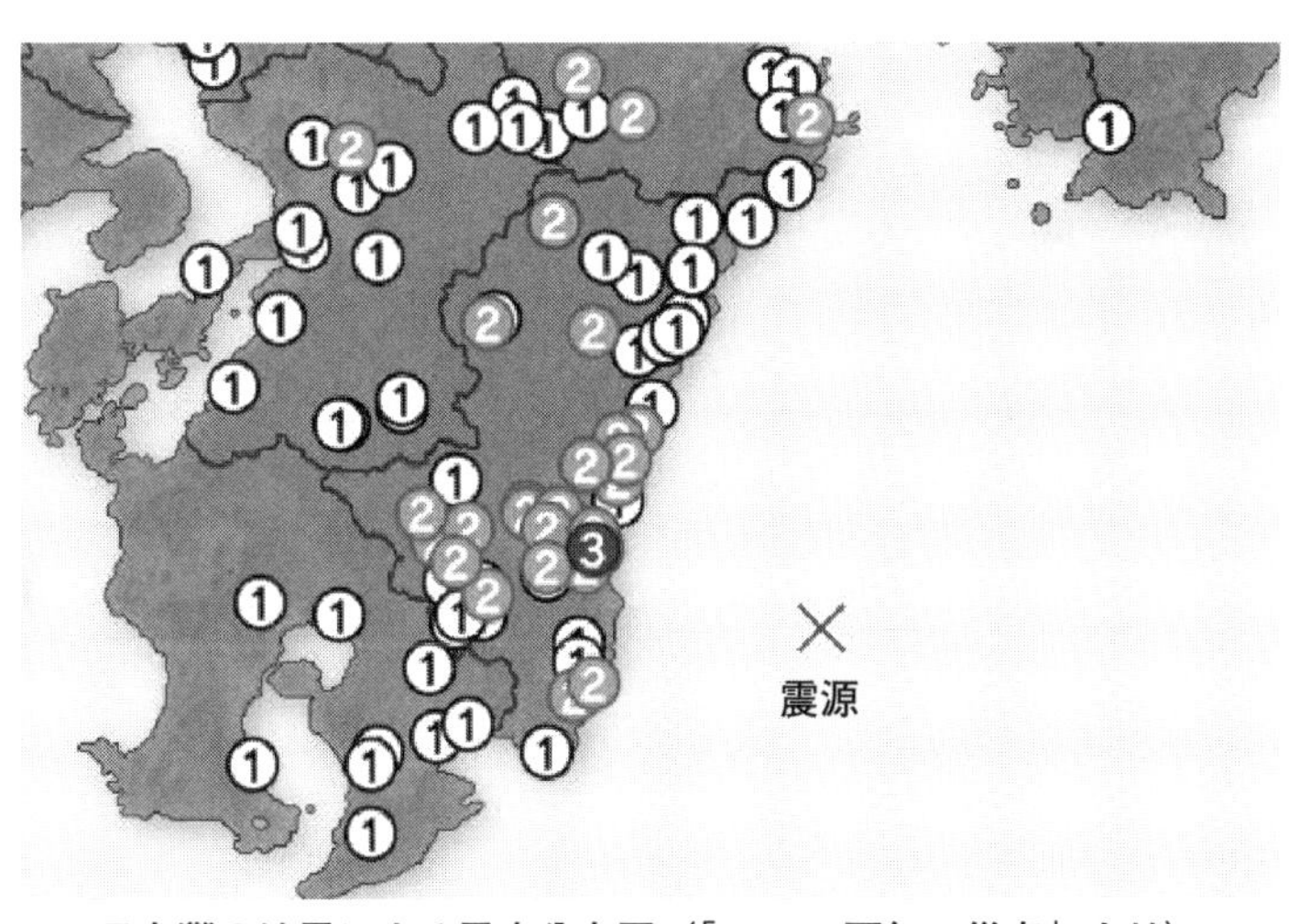

日向灘の地震による震度分布図（「Yahoo!天気・災害」より）

月後に熊本で大きな地震が起きていますし、二〇一六年五月に宮崎県綾町で実施したコンタクト・ワークの二日後にも地震が起きました。その地震関連情報には、「日向灘M四・七発生で南海トラフ巨大地震への警戒が急速に高まる」とあります。

上の図がそのときの震度分布図ですが、「日向灘UFO事件」に関連しているように見えます。あのとき出現したUFOは、この地域に、地震が近づいていることを知らせに来たのでしょうか。

実は地震のみならず、社会的に大きな出来事が起きる際、UFO（というよりも光体と呼ぶべきもの）が現れるという噂は、以前からありました。東日本大震災に際してUF

Oが出現した話は先述の通りですが、二〇一四年九月二七日に発生した御嶽山（おんたけさん）噴火の際にもＵＦＯが出現しました。

動画も公開されています。

次ページ上の写真はＡＮＮニュースの動画のスクリーンショットですが、そういわれてみると、噴火した御嶽山の頂上付近にＵＦＯらしきもの（↓印）が映っています。

また日本だけではなく、二〇一五年四月二二日に大噴火したチリのカルブコ火山の噴煙そばでも、飛行するＵＦＯが撮影されて話題になりました。

さらに、いわゆる人災に際してもＵＦＯが出現したと報告されています。

二〇一四年九月二六日頃から香港で始まった香港特別行政区政府に抗議するデモ活動、「雨傘革命」――このときに行われた大規模デモに際してもＵＦＯが出現したとする動画が公開され、ニュースでも話題になりました。

ＵＦＯが出現した真意は不明ですが、知的生命体は、天災のみならず人災に対しても警告を送っているのではないでしょうか。

しかし、これほどまでして地球人のことを助けようとする宇宙の知的生命体に対し、われわれはまったく逆の動きをしています。以下、それを見ていきましょう。

御嶽山の頂上付近を撮ったANNニュースの動画スクリーンショット

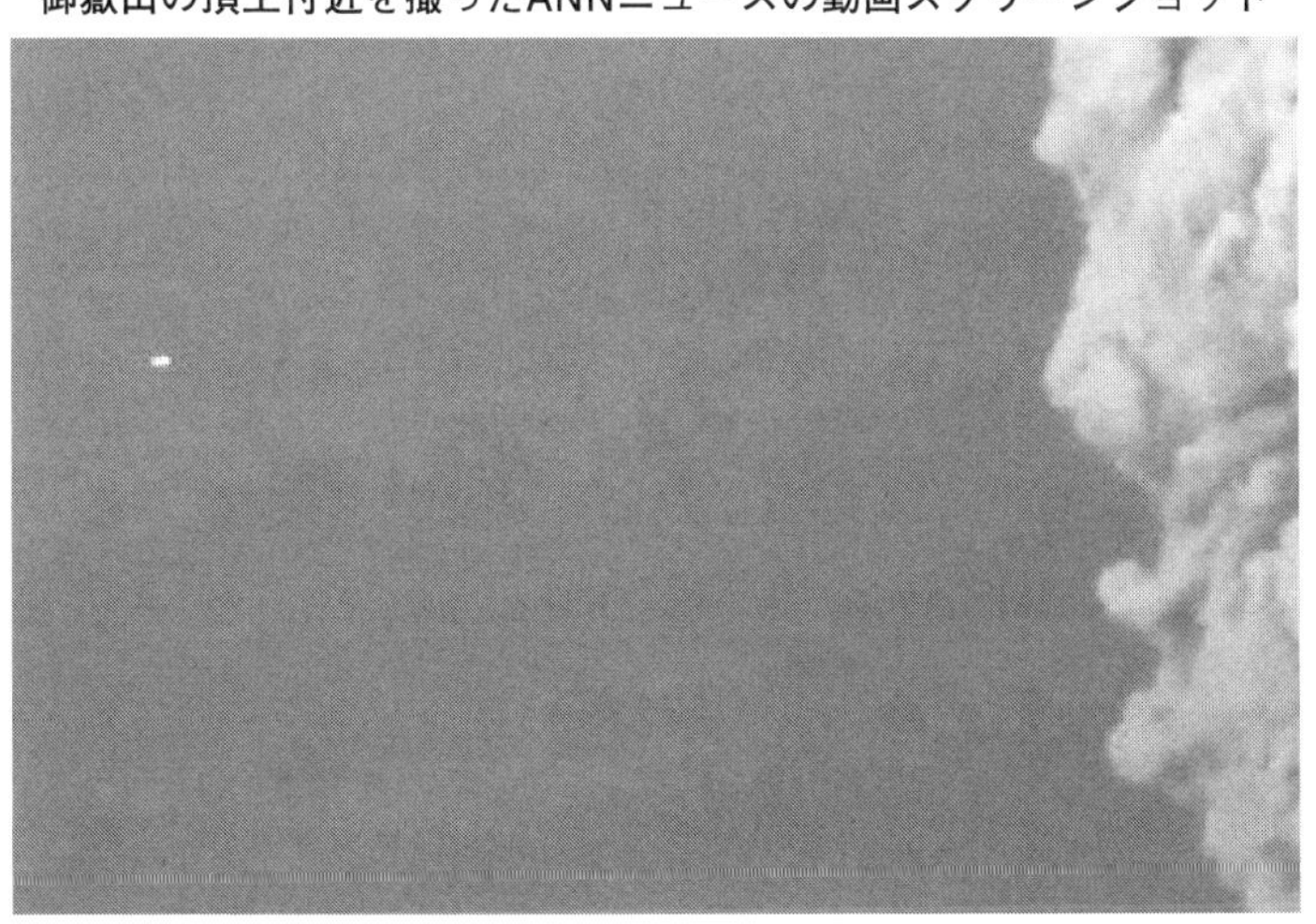

チリのカルブコ火山で撮影されたUFO（左上の白い輝点、写真：TOCANA「AllNewsHQ247」）

ダイヤモンドが土星に一〇〇〇万トン？

宇宙への関心が高まってきたのは、知的生命体の存在を確かめようという研究心もさることながら、その裏に「資源獲得」や「国威発揚」という地球人らしい欲望があるからではないでしょうか。

われわれ人類が住む地球が、人口爆発や公害などで住みづらくなったせいもあるのか、最近とみに、宇宙開発計画が叫ばれるようになりました。

しかし、総人口を五億人に制限するのは困難だから宇宙へ進出するというのであれば、「宇宙人」は迷惑でしょう。

ところが最近の大国による宇宙での行動は、宇宙空間を平和的に利用しようとする国際条約に反します。「宇宙を制するものが地球を制する」ことを知った各国は、資源獲得競争を始めました。

その実例を見ていきましょう。

二〇一三年一〇月一〇日の「CNN」は、「土星、木星、海王星、そして天王星は、ガスの奥底深くにダイヤモンドが眠っているかもしれない」と、アメリカの研究チームがデンバーで開かれた米天文学会惑星部会で発表したと報じました。

「この四惑星はいずれも主成分がガスでできており、ダイヤの生成にとって完璧な温度や圧力などの条件がそろっている」という報告です。

　海王星と天王星にダイヤがある可能性は過去の研究でも指摘されていましたが、ウィスコンシン大学マディソン校の研究者らが、惑星の気温と圧力に関する観測データなどを集めて計算した結果、土星と木星にも可能性があることが分かったのです。

　発表者の一人、モナ・デリトスキ氏は惑星のダイヤについて、「密度はやや高いかもしれないが、この地球のダイヤモンドとほとんど変わらないだろう。私たちが見慣れているのと同じように透き通った宝石のはずだ」と解説しています。

　ただしダイヤが生成されるのは、ガスの温度と圧力が極めて高くなる、惑星の核に近い部分。「あまりに深い場所なので、その部分の大気は宇宙船では観測できない」（デリトスキ氏）と述べています。

　そして、「土星と木星の核にあるダイヤは『溶けた』状態かもしれないが、海王星と天王星には固形のダイヤがありそうだという。大きさは手のひらほどのものもあり、土星には最大で１０００万トンのダイヤが存在し得る」としていますから、ダイヤモンドに目がくらんだ一部の人類は、きっと快哉を叫んでいるに違いありません。

ダイヤモンドを土星に求める……各国の資源獲得競争が宇宙に拡大する、そんな悪い予感がします。それほど人類は商業第一主義に陥っており、金やダイヤモンドに目がくらむ生き物なのでしょうか。そしてこれは、次のケースにも関連するような気がします。

警戒すべき中国の宇宙進出

先に紹介した佐野千遥博士は、「UFOのテレポーテーション技術」を支えるエネルギー源が石油から磁石に移ったときのことを危惧していました。

「磁石の素材はレアメタルのネオジムであり、世界のネオジム埋蔵量の九〇％以上が中国国内の新疆ウイグルとチベットに集中している。このことは、中国が世界を制覇し牛耳る、極度に大きな危険性が生じている」と——。

中国政府は、なりふり構わず資源獲得を目指していますが、それはこれまで、一三億の人民を食べさせるため、と理解されてきました。しかし、いまや南シナ海の他国領域のサンゴ礁を占領し、軍の基地を増設しています。これは政治的な覇権獲得活動に見えますが、同時に広大な海域に眠っているであろう資源を略奪しようとしているのです。

わが国固有の領土である尖閣諸島周辺の海域に資源が眠っていると公表されると、すぐに手を伸ばしてきた事実が、中国の野望を証明しています。

そんな最中の二〇一六年九月一五日、中国の無人宇宙実験室「天宮二号」の打ち上げについて、中国で有人宇宙飛行技術開発を担当する中国有人宇宙プロジェクト弁公室の幹部は記者会見で、「無人宇宙実験室『天宮二号』を一五日午後一〇時四分（日本時間同午後一一時四分）に内モンゴル自治区の酒泉衛星発射センターから打ち上げる」「習近平指導部は二〇三〇年までに米ロと並ぶ『宇宙強国』入りを掲げ、二二年ごろの完成を目指して独自の宇宙ステーション建設計画を推進。今年一〇月下旬には二人の飛行士が乗り込む有人宇宙船『神舟一一号』を打ち上げ、天宮二号とのドッキング実験を行う」と発表しました。そして、天宮二号の打ち上げは、「宇宙ステーション建設の基礎となる」（二〇一六年九月一四日付「産経新聞」）とその重要性を強調しました。

そして計画通り、一〇月一七日に、内モンゴル自治区の酒泉衛星発射センターから、「長征二号F」を使用して、宇宙飛行士二人が乗る有人宇宙船「神舟一一号」を打ち上げ、九月に打ち上げた無人宇宙実験室「天宮二号」とのドッキングに成功しました。

これで中国は、二〇二二年ごろの完成を見込む独自の宇宙ステーション計画を本格化させることが可能になりました。

このように、軍主導で行われる中国の宇宙進出計画に、世界が警戒し始めました。中国は一九九〇年代から、人民解放軍が主導して、ロケット開発、月探査、宇宙ステーション開発などの計画を推進、技術力を向上させてきました。高解像度の地球観測衛星「高分」や独自の衛星航法・測位システム（中国版GPS）「北斗」の開発にも意欲的です。

当然のことながら、欧米各国は宇宙の軍事利用への警戒感を強め、危惧の念を示してきました。そして隣国のインドでも、「地位と名誉の競争だった米ソの宇宙開発とは異なり中国は長期的な資源確保を目指している（ナムラタ・ゴスワミ＝インド防衛研究所分析センター元研究員）」と、国際ルールを無視する中国に警戒感を示しています。

月面の高解像度画像を公開した中国の狙い

二〇一六年二月四日の「共同通信」は、「中国国家宇宙局は四日までに、二〇一三年に月面着陸に成功した無人月探査機『嫦娥(じょうが)三号』や無人探査車が撮影した高解像度の画像や映像、データなどをインターネットで公開した」と報じました。

米CNNテレビ（電子版）は、中国で宇宙開発は通常機密とされており「公開は珍しい」と伝えましたが、写真には、月の表面や、無人探査車「玉兎号」の姿などが鮮明に写っていて、パノラマ画像も含まれています。

中国は宇宙ステーション建設と並んで月面探査に力を入れており、二〇一三年にはアメリカと旧ソ連に続き、嫦娥三号の月面着陸を成功させています。

さらに二〇一七年ごろには「嫦娥五号」を打ち上げ、採取した土や石のサンプルを地球に持ち帰る計画が進行中で、また二〇一八年末には「嫦娥四号」を打ち上げ、世界初となる月面裏側の着陸を目指しているようです。

また二〇一六年三月三日、中国の国営通信「新華社」が、人民政治協商会議委員を務めるロケット分野の専門家の話として、中国が二〇二〇年までの新たな中期経済目標を掲げ、「第一三次五ヵ年計画」で、ロケット開発を推し進めるため、「重量搭載能力を大幅に向上させた新型ロケットを五年間に一一〇回打ち上げる計画を打ち出した。ロケット開発は中国が進める二〇二〇年の火星探査計画や、宇宙ステーション建設の鍵を握る。新型ロケット『長征五号』や『長征七号』は二〇一六年に海南省文昌市（海南島）の衛星発射センターから打ち上げられる予定」と報じました。

二〇一五年一二月九日付の「産経新聞」は、このような中国の宇宙進出への野望について次のように解説しています。

〈９月29日に産経ＷＥＳＴで「中国が１万年もエネルギー独占⁉　次は「月の裏側」探査〝世界初の偉業〟恐ろし過ぎる目的」というお話をご紹介しました。

２０２０年までに、世界初となる月の裏側への探査機（無人）着陸を成功させ、宇宙空間に国際間の取り決めがないのをいいことに、先に好き放題してしまおうという魂胆なのですが、実はこの国の野望はもっと恐ろしいものだったのです。今週は、読んでいるだけでゾッとするその野望についてご説明いたします。

……何かと「世界一」にこだわる中国ですが、今度は何と、米航空宇宙局（ＮＡＳＡ）を追い抜き、世界で最初に地球外生命体を見つけ出そうという計画を本格化させていることが分かったのです！

11月23日付英紙デーリー・メール（電子版）などが伝えていますが、中国ではいま、軍主導で南西部の貴州（きしゅうしょう）省で、直径約５００メートルという世界最大の電波望遠鏡の建設を進めており、来年（筆者注：２０１６年）９月の完成を前に、11月21日に初の試運転を行ったのです。

電波望遠鏡とは、地球の外から来る宇宙の電波や太陽の電波などを受信する装置で、いま、中国が建設しているのは「５００メートル口径球面電波望遠鏡（ＦＡＳＴ）」というものです。

完成すれば、米国の名門コーネル大学の国立天文学電離層センターが管理・運用しているアレシボ天文台（１９６３年完成、場所はプエルトリコ）の直径約３００メートルを抜き、文字通り世界最大の電波望遠鏡となります。

数字だけでは大きさの想像が付きませんが、面積は大体、サッカー場のピッチ（グラウンド）30個分。望遠鏡の周囲を歩いて1周するのに約40分もかかるといいます。建設は約5年前から始まり、総事業費は1億２４００万ポンド（約２２９億円）！

ＮＡＳＡが惑星防衛部門で小惑星衝突を防ぐ

加速する中国の宇宙開発に対し、アメリカも決して負けてはいません。二〇一六年一月一四日の「ＣＮＮ」は、米航空宇宙局（ＮＡＳＡ）が、小惑星の接近から地球を守ることを目的とした新部門「惑星防衛調整局（ＰＤＣＯ）」を新設したと伝えました。以下、その概要を記します。

同局は米首都ワシントンにあるＮＡＳＡ本部に設置され、惑星防衛局長職が新設されました。地球に衝突して災害をもたらす可能性のある大型の小惑星や彗星など、潜在的に危険な天体（ＰＨＯ）を早期に発見します。

ＰＨＯは地球軌道の七五〇万キロ以内への接近が予想される直径三〇～五〇メートル以上の天体と定義しています。

こうした天体を追跡して警報を出すとともに、軌道を変えさせることも試み、もし間に合わないと判断すれば、米政府と連携して衝突に備えた対応計画を立案する。

小惑星や彗星は、約四六億年前に太陽系が形成された初期の残骸で、火星と木星の間の小惑星帯には直径一キロ以上の小惑星が推定一一〇万～一九〇万個、それより小さい小惑星が数百万個も存在するといわれています。

さらに二〇一五年一一月一日の「SANKEI EXPRESS」は、以下のように報じました。

〈米航空宇宙局（ＮＡＳＡ）は二四日までに、二〇二〇年代に月近くの軌道上に、飛行士が長期滞在できる宇宙ステーションを新たに建設する構想を明らかにした。三〇年代に実現を目指す火星有人探査の中継点とする狙い〉

無人探査機を月軌道に送り込んだ後、居住棟などをドッキングさせて段階的に拡張するものですが、既に水面下で各国に協力を打診しており、宇宙航空研究開発機構（ＪＡＸＡ）も参加の可否について検討を始めたといわれます。

二〇一八年三月に東京で開かれ、各国が宇宙協力を話し合う「第２回国際宇宙探査フォーラム」でも主要議題になる見通しですが、建設に巨額の費用がかかるうえ、月面基地を構想するロシアなど思惑の違いもあって先行きは不透明です。

ＮＡＳＡは地球から数千万キロ以上離れた火星への往復に三年近くかかると見ていますが、一〇月に公表した報告書によると、新たなステーションは地球と月の重力の作用で姿勢制御に必要なエネルギーが少なくて済む月軌道上に建設するとされています。

ＮＡＳＡは、以下のように説明しています。

〈火星の前段階として小惑星の探査を計画しており、二〇年代初めに無人探査機で小惑星の岩石を採取し、月軌道に投入。その後、次世代宇宙船オリオンに乗った飛行士二人が訪れて岩石組成を調べる。さらに大型ロケットで必要な資材を運び、順次ドッキングさせて規模を拡張。二〇年代終わりには数人が長期滞在できる居住空間をつくり、火星に行く際は、大型ロケットで月軌道ステーションまで宇宙船を打ち上げ、燃料や食料を補給した後で別の推進装置で飛行を続ける〉

日本の金星探査機の正体

わが国も宇宙で活動していますが、その研究目的は非常に抑制的で、科学技術優先です。

ＪＡＸＡの計画責任者である中村正人（なかむらまさと）プロジェクトマネージャが、金星探査機「あかつき」の金星周回軌道投入の成功について記者会見した際、次のように語っています。

――いまの宇宙技術をどう活用していくべきか

中村「すぐに役立つかはものによるが、Ｆ１レースに参加するのと同様に、宇宙空間のために限界の設計をすることで工夫（くふう）し、技術者の能力が磨かれ、メーカーの力になると思う」

――姿勢制御用のエンジン四基を長時間噴いて軌道に入った例は

中村「こういうやり方で入ったのは世界で初めて。アメリカの研究者は『大変なことをした』と感心してくれた。なるべくなら、こういうことはやらないで済めばよかったが。思った通りの性能を出してくれた」

――日本の技術力は高いのか

中村「アメリカと同じくらい高いと思う」

――できるか不安になったことは

中村「探査機が思いもしない動作をすることが不安だった。たとえば、探査機がちょっとでも姿勢を崩すと止まってしまうことがあり得る。私は『大丈夫だよ』と、探査機に言い聞かせた」（二〇一五年一二月一三日「産経ニュース」）

　宇宙開発は国家事業であり、研究者の個人的な願いごととは無関係です。特に研究者が機械を人間にたとえることなど、資源開発を最優先する諸外国ではありえないことでしょう。やはりわが国は「かぐや姫の国」ということでしょうか。

第六章　成功した知的生命体とのコンタクト

人里離れた山梨県の山中で

二〇一五年三月二八日から二九日にかけて、福岡県に住むサリバン氏が上京する機会があるとの連絡を受けました……そして東京都の西のはずれに近い山梨県の山中にある旅館を予約してほしい、と。第五種接近遭遇コンタクトワークの誘いでした。彼は約束を忘れていなかったのです。

「いよいよ思念伝達体験ができる」——こうして迎えた三月二八日正午、私はサリバン氏と八王子駅前で合流し、息子の運転する小型4WD車に乗って、奥多摩街道経由で知的生命体との遭遇ツアーに出発しました。

この日は特にすばらしい快晴に恵まれました。私が「今夜も天気に恵まれるでしょう、絶好の遭遇日和(びより)だ」というと、サリバン氏は「知的生命体は気象もコントロールできるのですよ」と笑いながら答えました。

途中で、いつも立ち寄るあきる野市の古民家喫茶「里舎(りしゃ)」で休憩をとりました。ここを経営する乙津(おつつ)さん一家は、山奥だということもあり、よくUFOを目撃するのですが、特に娘さんの「るみ」さんは、何度も写真を撮っています。

そこで一家にサリバン氏を紹介し、「今夜はＵＦＯが上空を乱舞するから、よく空を見ていてください」と伝えました。すると彼女は目を輝かせて、「写真に撮れるよう頑張ります」と答えました。

峠を越えて山梨県側に入り、目的の旅館に着きました。サリバン氏は宿のご主人となじみらしく、ご主人は「警察に連絡しておいたから」といいます。深夜に行動する一団ですから、不審者と間違われないように、との配慮です。

サリバン氏が「日があるうちに一度現場を確認しておきましょう」というので、再び車に乗って山に分け入りました。

車が一台通れる程度の山道でしたが、中腹付近で脇道に逸れ、藪のなかの細い道をやや下ったとき、ヘリポートのような簡易舗装された広場が眼前に広がったので驚きました。脇道に車を止めて広場に入ると、中央付近に大型の望遠鏡が据えてあるのが見えます。

これを見たサリバン氏が、「この大きな望遠鏡を知的生命体がミサイル発射装置と間違えなければいいのですが……」と、小声で私にいいます。理由を尋ねると、「アメリカで知的生命体は、よく米軍からミサイル攻撃されているので、警戒しているのです」といいう。

まるで対空ミサイル発射機のような望遠鏡

なんとなくミステリアスな雰囲気になってきました。

するとサリバン氏は、望遠鏡の持ち主に近寄り何事か話しています。

この人物は小金井市から来た天文マニアのようで、オリオン座を撮影しているとのこと。

ただ、撮影するのは明け方だそうですから「観察は妨害しませんから」と、サリバン氏は来訪の目的と行動の概要を伝えておいたといいます。

同じく天体に関心ある人だったのですぐに理解してくれたそうですが、サリバン氏は望遠鏡の件を、まだ心配している様子でした。

「あ、来てますね」

いったん宿に戻り、夕食後に広間に集まって、レクチャーを受けました。

ETとコンタクトするのに必要なのは、「音」「光」「意識」の三つを一体化すること。よってJCETIのロゴも、トリニティ（三位一体）を象徴しているのだといいます。

このロゴをテレパシーで宇宙に送り続け、双方向のコミュニケーションを試みるというのですが、素人の私にはなかなか分かりません。精神性を高めるための座禅か瞑想に近いように見えました。

サリバン氏は、各地でコンタクトを行って成功した様子を、PCを通じたテレビ画面で解説してくれましたが、そこでは夜空に輝く星がスーッと移動したり、闇のなかで乱舞していました。この光景に歓声を上げる観察者らが映っていましたから、大いに期待しました。

ただ、「私は参加者を誘導し、案内し、きっかけ作りをするだけです。知的生命体がいつ現れるかは、知的生命体自身が決めることです」といいます。

このとき理解できたことは、地球人の持つ周波数（非常に粗い）と知的生命体が持つ周波数（非常に細かい）が一致しなければ、お互いを確認することができないということでした。

その部屋のなかにも相当な電波が飛び交っていました。にもかかわらず、人体では受信できない。それを、テレビの受像器は、一定の周波数として捉えることができるのと同じです。

ここでサリバン氏は、持参してきた装置の説明を熱心に始めました。地上から知的生命体の位置を示す八キロほど届くという緑色のレーザー光線発射器、暗視装置付きゴーグル、双眼鏡、それに、意識を統一するために使う、低周波のお経を唱えるような穏やかな音声を録音したＣＤとプレーヤー……これらが主なものでした。われわれは興味津々です。

彼の説明を十分に理解するには時間不足でしたが、自分の周波数を知的生命体に合わせるため、座禅を組み、瞑想するような気持ちで準備をしました。そうして夜の一〇時前に宿を出たのでした。

昼間と違って漆黒の山道を登り、広場に向かいました。そして一〇時から一一時まで観察したのですが、星があまりにも多いのに圧倒されました。

私は三四年間、自衛隊パイロットとして、この空間で三八〇〇時間も生活してきたのですが、改めて広大な宇宙の神秘に感動しました。特に、サリバン氏から暗視装置付きのゴーグルを借りて仰ぎ見た天空は、薄緑色の視界いっぱいに、まるで砂をまいたように星が瞬いていました。

これほど長時間、続けて天空を見上げるのは現役時代以来でしたから、心が洗われる思いでした。そんな私の傍らで天を見上げていたサリバン氏が、ときどき「あ、来ていますね」などとつぶやきます。どうやらサリバン氏は、かなりの程度のコンタクトを実現したようでしたが、レベルの低い私はなかなかコンタクトできず、一度「北極星の隣の星がキラッと輝いた」のを見たくらいです。

三月末の山中ですから、冷え込みます。非常に寒くなってきたので、一度山を下りて宿に戻り、休憩することにしました。

集落に降りてくると、辺りは暗闇が支配していましたが、宿だけは玄関に明かりが点いていて、私たちを迎えてくれました。

宿の前に、空き地のように広がる駐車場に車を止めて降りると、その上空にも広大な星空が広がっています。あまりにも寒かったので宿に飛び込みましたが、このとき私の家内と次男はサリバン氏とともに残り、その場で観察を始めました。

するとサリバン氏が、「ここでも見られるはずです」といって、レーザービームで駐車場の上空に向かって合図を送り始めました。すると、私の家内の目の端に、何か動くものが見えました。そして、「あっ、流れ星……」と、思わず口に出したといいます。次男も同じものを目にしました。

「それ」は、横に素早く動いて消え、まるで短い蛍光灯のように見えました。サリバン氏は、「ここにいるということを生命体が知らせてくれたのですよ」といいます。私の家族は知的生命体との思念伝達が叶ったことに深く感動しました。

そして、日付が変わった二九日の午前零時に再度、宿を出て、零時半から一時半まで、二回目のツアーを試みたのです。

星が動いた瞬間

一回目のとき、私は高倍率のデジカメで撮影することに気をとられていて、なかなか光に集中できませんでした。それを反省し、今度はカメラを持たず、観察だけに集中することにしました。

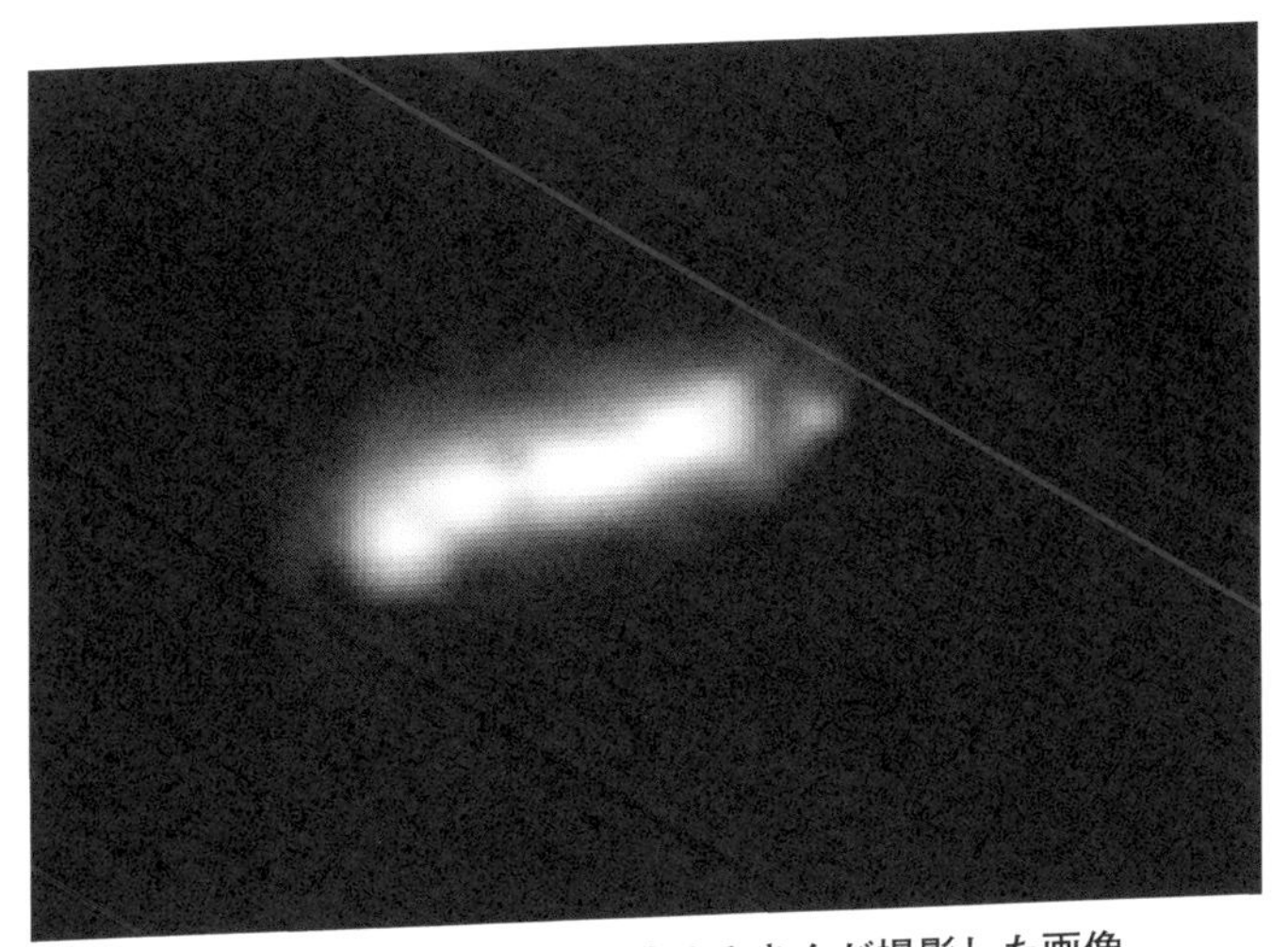

古民家喫茶「里舎」の乙津るみさんが撮影した画像

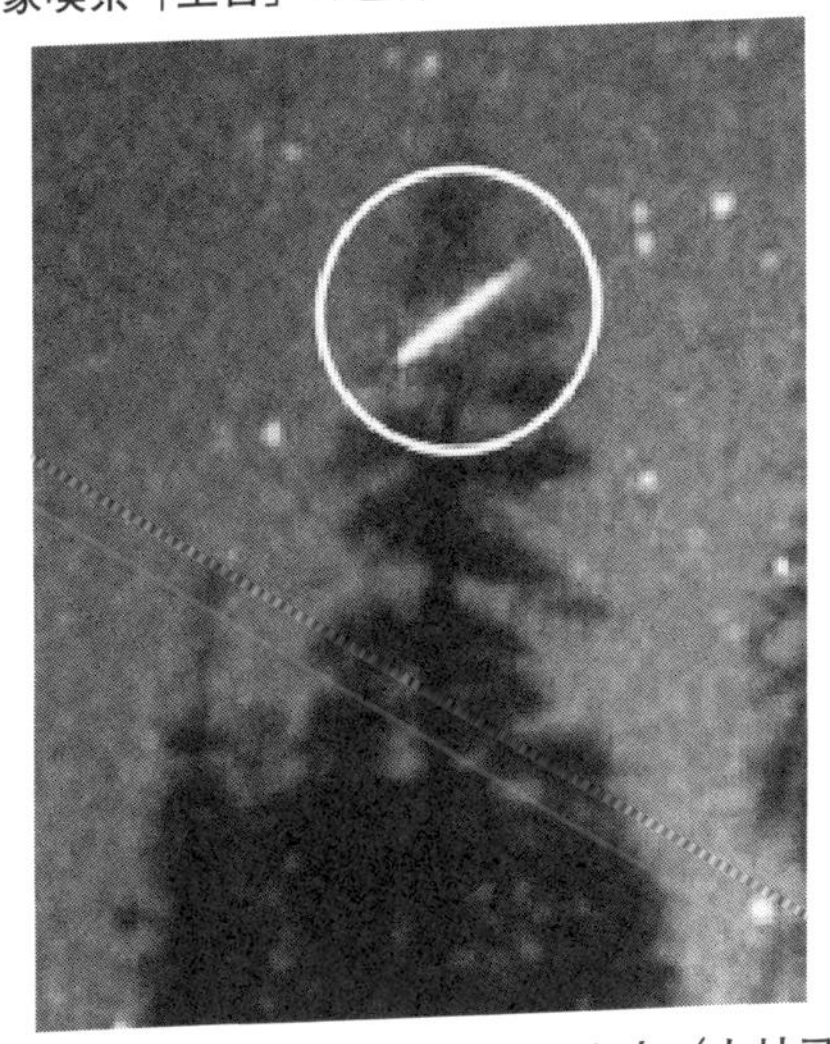

サリバン氏の著書から、アメリカのシャスタ山（カリフォルニア州北部にある聖山）に現れた光体

しかし、意識を集中するといっても、そう簡単ではありません。思念伝達が可能になるレベルまで達していない私には、時だけが過ぎていきました。

サリバン氏が、「何か念じながら探してみてください」と助言してくれたのですが、たまたま二九日は私の両親の月命日であることに気が付きました。一月二九日が亡き母の、七月二九日が亡き父の命日なのです。そこで、いま両親は、天国で何をしているのだろうなどと考えることにしました。

夜空の両親に、「お星さまになっているのなら、顔を見せてください」などと、実に子どもっぽいことを念じましたが、星に変化はなく、動く光もありません。

「やっぱり今日は、知的生命体は来てくれそうにないなあ。何せ初めての体験だし、最初から成功するわけはない。サリバン氏も、ETがいつ現れるかはETが決めることだという。せっかく案内してくれた彼には悪いが、今日はハズレだったのだろう」などと思った瞬間、北極星の右側に光っていた星が、すっと右一直線に動いて、まるで棒状の蛍光灯が一瞬点灯したかのような、一筋の白色に輝く線が現れました。思わず息を呑みます。

その瞬間、後ろで私の息子が、「あっ、動いた!」と先に声を上げました。たまたま私と同方向を向いていた息子は、同じ現象を目撃したのです。やはり、短い蛍光灯の光のよ

宿の玄関前でサリバン氏と

うに見えました。

　サリバン氏が喜んで、「生命体が、来ていますよ、と合図をしたのですね」といいます。なぜか私も、そんなふうに確信しました。

　サリバン氏が指導するときは、普通、一週間ほどかけてグループでツアーをしながら、徐々に態勢を整えていくのだそうです。このときは私たちの一家だけで、しかも一日だけという準備不足な状態でしたが、むしろサリバン氏は「特別な、まとまりのあるグループだったから、比較的早く目視できたのでは」というのです。

　寒さが増してきたので、そこで終了し

ました。そうして宿に戻ったのですが、目撃した光は流れ星とはまったく違う動きをしましたから、知的生命体の乗り物であったと、私は確信しています。

翌日、帰路では、目的を達成して気分が高揚していたこともあり、車内では会話が弾みました。

サリバン氏は、「宇宙船のなかに存在する生命体と交流して初めて、宇宙空間の安定に寄与し、問題の解決に結びつく」というのですが、この言葉は真実だと思います。この体験から、私は次のことを学びました。

①人類は、いまや興味本位で「空飛ぶ円盤」を追いかける段階ではない。
②テレビなどで報道される「円盤」の大半は人工物であり、それを商売にしている者もいる。
③サリバン氏が指摘するように、円盤は「乗り物」に過ぎず、そのため「乗員」である知的生命体にこそ目を向けるべきだ。
④そして、「その知的生命体は、われわれ地球人に何を伝えようとしているのか」にこそ関心を向けるべきだ。
⑤サリバン氏が実施している「第五種接近遭遇段階」、つまり、人間から発信して知的

生命体と双方向のコミュニケーションをとる行為は、人類のさらなる発展に寄与し、宇宙に安定をもたらすに違いない。

ただ残念だったのは、準備していったカメラでは、動画も写真も撮れなかったことでした。科学的な証拠がなければ、他の人を説得できません……ところがこれには、次のような後日談がありました。

届けられた証拠写真

現場に行く途中、古民家喫茶「里舎」に立ち寄ったことは先述の通りです。「今夜はUFOが上空を乱舞するから、よく空を見ていてください」と、お店のみなさんに伝えておきました。すると翌日、お店からは、次のような報告が届いたのです。

「あの夜、西南の空に、いままでより数倍の大きさと光を放ったUFOを見ることができました。娘がカメラで撮影しましたが、携帯で送信できないのを残念がっています。今度お会いできたとき、ぜひご覧になってください」

そしてその後、同日の同時刻ごろに「里舎」の娘さんの乙津るみさんが撮影した写真八枚が届いたのですが、そのなかの三枚を一七七ページに掲載します。

撮影時刻は、ちょうど私の家族が宿の駐車場で光体を目撃した時刻にほぼ一致しています。そして、われわれが投宿した山梨県の宿は、「里舎」からは西南方向……位置関係もまったく一致しています。もちろん比較的狭いエリアなので、上空の星はほぼ同じ位置にあります。双方から目視することができたのも当然でしょう。

さっそく私は、サリバン氏に、メールで写真を送りました。すると、数日後、次のような返事が届きました。

「素晴らしい写真ですね！　これは知的生命体の動きです。古民家喫茶に行ったときに、夜は一緒に見てねと、佐藤さんがいいましたからね。ナイス確認でした。

知的生命体側も軍のように、きっちりと計画通りに活動しているようで、母船から調査隊と彼らの見守りのエスコート隊が出て、コンタクト現場にアプローチします。

おそらく佐藤さんが最初に見たチカチカした光は、母船から出たガーディアンの船だと思います。彼らは地球の大気外でワーク中に待機しています。アメリカのコンタクトの場合は軍による観察が多いため、知的生命体は、われわれに対し、余計、慎重にアプローチしているようです」

これと同時に、サリバン氏は、自身がアメリカでのコンタクトツアーで撮影した動画を

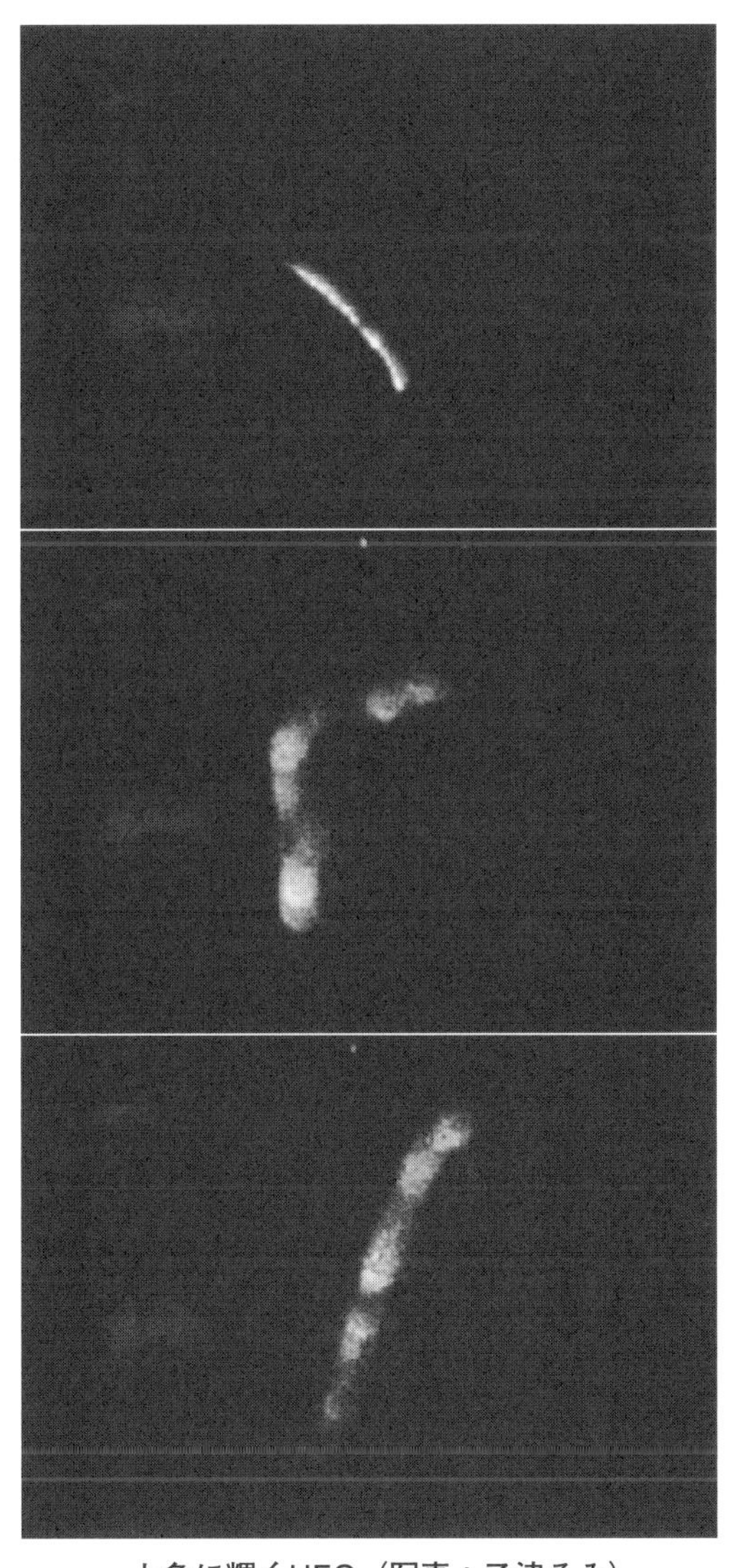

七色に輝くUFO（写真：乙津るみ）

地上からのレーザー光線に反応して拡大縮小を繰り返す光体（写真：グレゴリー・サリバン提供の動画から）

送ってくれました。そこには多くの参加者が夜空を眺めているなか、地上からのレーザー光を受けた星のような光体が点滅する様子が、はっきりと映っていました。上が動画のスナップショットですが、人工宇宙船や星の場合なら、レーザー光には反応しないでしょう。

愛を持って接してきた知的生命体

私が山梨県の山中で体験できたことは、意識の集中がなせる業です。通常の瞑想のように、私はあのときチャクラに意識を集中し、亡き両親に話しかけたつもりでした。それによって知的生命体とコンタクトする周波数が研ぎ澄まされたのでしょう。

一度だけですが、コンタクト体験を得たおかげで、私はサリバン氏の話がより理解できるようになりました。しかし、テレビなど既成メディアの情報だけを頼りに生きる人々には、理解不可能な内容かもしれません。貴重な写真を得ることができましたが、これからも万人が納得するような証拠を探し続けたいと思います。

さて、これが私のコンタクト体験ですが、実はその際、私はまったく危険を感じませんでした。逆に、まるで亡き母と父に語りかけたがゆえに知的生命体が応えてくれたかのような、慈愛に満ちた、不思議な親近感さえ感じたのです。

知的生命体は人類に対し、攻撃心など持っていません。むしろ、愛を持って接近してきているのではないでしょうか。

第七章　襲来する宇宙人のターゲット

宇宙からの信号を監視して

高度に発達したケプラー宇宙望遠鏡などによる宇宙監視体制の本拠地は、アメリカのカリフォルニア州立大学バークレー校にあります。最近では「宇宙人が生活できると思われる星」が次々に発見され、宇宙からの信号らしきものも、よく捉えられています。

とりわけ一九七七年にアメリカの天文台が非常に強い信号をキャッチしたことがありましたが、その正体は、まだ解明されてはいません。ただその方向は、白鳥座の近くにある「ＫＩＣ　８４６２８５２」という一四八〇光年離れた小さな恒星とされています。

また二〇一六年八月三〇日、イタリアの天文学者チームが、地球から約九五光年離れた恒星系の「ＨＤ－１６４５９５」方向から強い信号を検知したと発表し、話題になりました。

これはロシア南部のゼレンチュクスカヤにある電波望遠鏡「ＲＡＴＡＮ－６００」が自然界には存在しない電波をキャッチしたものでした。ところがその調査を依頼されたイタリアの天文学者クラウディオ・マッコーネ博士が、研究仲間たち四〇人にメールで情報を伝達したところ、情報がインターネット上に拡散してしまいました。こうして、世界中のメディアが「地球外の知的生命体が存在する可能性に期待が高まっている」と報じる騒ぎになったのです。

その結果、このニュースを見た一般の人たちが、「宇宙人に征服される」「地球が宇宙人の植民地になる」などと、一時的にパニックに陥りました。

しかし、各種のノイズである可能性も排除できません。

ジャン・シュナイダーが率いるパリの研究者チームは、「HD－164595によるバックグラウンド源のマイクロレンズ効果の可能性もあると考えているが、この信号は非常に刺激的なものである」（二〇一六年八月三〇日付「産経新聞」）として、「RATAN－600」の研究者たちに信号の常時監視を求めました。

ところがこれには早速、反論がありました。「Ars Technica」アメリカ版が、テキサスA&M大学の教授で天文学者のニコラス・サンチェフに、「この一一ギガヘルツの信号が異星人からのものではないとすれば、何であると思うか」と尋ねると、「これが実際の天体から発信されたものだとすると、かなり奇妙です」と答えたのです。

そして、「数ギガヘルツの高速電波バーストと呼ばれる、謎の多い高エネルギーの天体物理現象は存在するが、持続時間はわずか一〇ミリ秒ほどだが、今回の現象持続時間はそれよりも長かった。信号の強さを、周波数との相関関係で示した情報がないのが残念だ」と述べ、「この信号が、軍が利用する電波スペクトルの一部で観測されていることから、地球から発信されたものであっても驚かない」と指摘しました。加えて、「地上局と衛星とのあいだで何らかの爆発的な通信が行われた可能性もないとはいえない」としました（二〇一六年八月三〇日付「産経新聞」）。

また、二〇一六年二月には、東京大学や国立天文台が加わる国際研究グループが、宇宙から届く「高速電波バースト」と呼ばれる電波が約五〇億光年離れた銀河から来たことを突き止めたと報じられました。

これまで発生する場所さえわかっておらず、謎の電波として天文学者を悩ませていた「高速電波バースト」は、二〇〇七年以降、世界で十数回観測されていますが、超新星爆発やガンマ線バーストといった宇宙の大爆発に匹敵する未知の現象に伴うものという見方もあります。

東大の戸谷友則（とたにとものり）教授は「遠い宇宙での新たな天体現象であることが証明された」と話していますが、「観測した高速電波バーストは太陽の二日半分のエネルギーが瞬間的に電波で放出された計算になる（「日本経済新聞ＷＥＢ版」二〇一六年二月二五日）」といいます。

これらは世界中で知的生命体に対する関心が高まっていることを裏付けるとともに、それに対する何らかの回答が届き始めていると考えてもいいのではないでしょうか。

エウロパに水が——NASAが公表

二〇一六年九月、NASAが、木星の衛星エウロパを覆う氷の表面から水と見られるものが高さ二〇〇キロまで噴き出しているのをハッブル宇宙望遠鏡で観測した、と発表しました。液体の水がある環境は、生物が存在できる可能性があるとされ、生物探しの手掛かりになります。

エウロパの表面にある厚さ数キロの氷の下には、深さ数十キロの海が広がっているとされており、観測した米宇宙望遠鏡科学研究所のスパークス氏は、「海から上昇してきたのだろう。氷を掘らなくても噴き出す水を採取できれば、有機物や生物の痕跡が見つけられるかもしれない」と話しています。

他にも土星の衛星エンケラドスが水を噴出することが知られていますが、エウロパの表面からの噴出は、二〇一二年にもNASAの別のチームが観測、水かどうかは二〇一八年に打ち上げる予定のジェームズ・ウェッブ宇宙望遠鏡による（赤外線）観測で確定させるとしています。

チームは二〇一四年一月から四月にかけて計三回、南極付近から細長い影が突き出しているのを発見しました。そして、影が吸収する光の特徴から水だと推定したのです（「共同通信」二〇一六年九月二七日）。

ホーキング博士の「エイリアンが地球を滅ぼす」

さて、スティーブン・ホーキング博士が二〇〇一年に来日して講演したときのこと。会場から「この宇宙に、地球のように生命体が存在し、進んだ文明を保有する天体がいくつくらいあるのですか？」という質問に対して、博士は、即座に「二〇〇万」と答えました。

すると、「そんなに多くの進んだ文明を持つ星があるのなら、どうして宇宙船なり宇宙人が実際に、この地球に到来しないのですか？」と質問されます。そこで、これまた即座に、「地球並みに文明が進むと、そうした星は自然の循環が狂ってきて、宇宙時間からすると瞬間的に自滅し、生命体は消滅してしまうのです」と答えました。

ホーキング博士は、「エイリアン（地球外生命体）が地球を滅ぼす」と予言したり、「人為的な災害が起きるまでに、われわれは宇宙の他の惑星に（居住地を）拡大せねばならない」と警告するなど、宇宙への移住の必要性を強調してきました。そんな博士も、「もしも私の体調に問題がなく、（ヴァージングループの）リチャード・ブランソン会長が連れて行ってくれるなら、宇宙船に乗って宇宙旅行できることを本当に誇りに思う」と述べています。

ところがスペインの「エル・パイス」（電子版）の記者が、博士に「最近、銀河系で（エイリアンを含む）地球外生命体を探す非常に意欲的な取り組みを始めましたが、数年前には、（博士は）地球外生命体が人類を絶滅させる可能性があるため、関わりを持たないほうがよい、とおっしゃいました。この考えに変わりはありませんか」と質問。すると博士は、「エイリアンが地球に来た場合、コロンブスのアメリカ大陸上陸時のように、先住民族のことをよく知らないために起きた結果（大虐殺）になる」と述べました。

エイリアンが人類を滅ぼす可能性を強く示唆した博士のこの警告に、科学界は騒然となりました。

ホーキング博士は、エイリアンが地球など別の惑星に侵攻する理由も挙げています。

「高度な文明を持つエイリアンは、自分たちが征服して植民地にする惑星を探すため」と（二〇一五年一〇月三日付「産経新聞」）。

これに対して、たとえばロシアのニコライ・S・カルダシェフ博士は、「地球人より高度な地球外生命体に学ぶべきだ」とします。そうして「積極的に接触すべきだ」とも語っています。

ホーキング博士は、「エイリアンを含む」地球外生命体の探索に取り組んでいますが、このように人類が関わりを持つことには否定的です。しかし、高度に文明化されたエイリアンの襲来を連想させる博士の発言だけに、対抗策などの本格的検討を促しているとも受け止められています。

しかし、いくら高名な博士の指摘でも、「高度な文明を持つエイリアンは、自分たちが征服して植民地にする惑星を探している」という説には同意しかねます。

もしも知的生命体に、地球を征服して植民地にするという意志があれば、もっと早い段階で実現していたはずだからです。ＵＦＯと思（おぼ）しき物体が、古代の壁画などに記されている事実から見ても、地球を征服する機会はいくらでもあったはずでしょう。

それがなぜ、二一世紀を迎えた今日になって植民地にする必要があるのでしょうか。

私には、知的生命体を悪者にしておく必要がある「勢力」が、存在しているように思えてなりません。もちろん、進んだ文明を持つ三〇〇万もの天体が存在するそうですから、なかには悪い知的生命体がいてもおかしくありません。が、少なくとも現在までのあいだ、地球上で宇宙人に征服された国や地域はないと断言できます。それよりも、中国の宇宙進出に代表されるように、地球人こそが宇宙征服を狙っているといえます。

地球人の宇宙進出とＳＤＩ構想の関係

このように、にわかに活気づいた宇宙進出ムードですが、その目的はいったい何なのでしょうか。

一九八二年九月に、私は防衛研究所に入りましたが、そこにアメリカの陸軍中佐と海軍中佐が留学していました。当時は冷戦の真っ只中でしたから、連日、対ソ戦略の課題に取り組んだのですが、私は彼らに「アメリカはどんどん軍事費を増強し、最新科学技術でソ連を圧倒すればいい」と助言したのです。そして、その重点は宇宙であり、「宇宙を制する者は世界を制するのだ」と付け足しました。

それは、外務省時代にモスクワに出張して各所を視察した際、ソ連の実質的な経済力がいかにアメリカに比べ劣っているか、国民がいかに疲弊（ひへい）していたかを認識していたからです。日本で報道されている内容とは大きく違っていました。

すると、ロナルド・レーガン大統領が、一九八三年三月二三日の演説で、ソ連の脅威を強調するとともに、アメリカや同盟国に届く前にミサイルを迎撃し、核兵器を時代遅れにする手段の開発を呼びかける「戦略防衛構想（SDI＝Strategic Defense Initiative）」を公表したのです。

この「ＳＤＩ構想」とは、衛星軌道上にミサイル衛星やレーザー衛星、あるいは早期警戒衛星などを配備し、それらと地上の迎撃システムが連携して敵国の大陸間弾道弾を各飛翔段階で迎撃、撃墜するものです。こうしてアメリカ合衆国本土への被害を最小限に留めることを目的にしていますが、通称「スターウォーズ」計画と呼ばれました。

レーガン大統領の「ＳＤＩ演説」の要旨を、「ウィキペディア」からまとめてみました。

〈「助言者たちとの綿密な検討の末に、私は一つの道があると信じるに至った。われわれは、いまここに、ソ連のミサイルの脅威に防御的な手段で対抗するプログラムを開始する。アメリカの安全が、ソ連の攻撃に対する報復によって保たれるのではなく、戦略弾道ミサイルを、われわれ自身の、またわれわれの同盟国の国土に達する以前に迎撃し、破壊できると知ったときに初めて、自由な国民は安楽に暮らせるのではないだろうか？」

「これは手強い仕事であり、今世紀の終わりまでには実現できないだろう。だが、技術の進歩は努力を開始してもよいところまで来ている。私は、かつてわれわれに核兵器をもたらした科学者たちに、その偉大な才能を人類と世界平和に向け、それらの兵器を無効にし、時代遅れにするよう求める」

「今宵、われわれは人類の歴史の流れを変えることを約束する努力を開始する。われわれにはできるのだと、私は信じている。この扉を開くために、あなた方がともに祈り、賛同してくれるよう願ってやまない」〉

第三次世界大戦が勃発する背景

この演説の内容は、国防総省高官にも前日まで伝えられていなかったので、世界中を驚かせましたが、彼の思い付きではなかったのです。実は、米陸海空三軍では、それぞれ独自にレーザー兵器などの研究を進めており、一九八一年にはスペースシャトル・コロンビア号の打ち上げにも成功、宇宙兵器の配備に目処が立っていたからです。

核兵器の恐怖ではなく、「核兵器を無力にすることで平和を実現する」というレーガン大統領の高い理想を実現しようとしたものでしたが、まだまだ技術的、資金的な問題は残されていました。そのうえ「宇宙条約に抵触する」などと批判されましたが、これに対抗しようとしたソ連は結果的に経済的に破綻（はたん）してアメリカの軍門に降（くだ）り、冷戦は終結するに至ったのです。

このSDI構想は、レーガン大統領らしい計算に基づいており、上手に宇宙空間を利用した戦略だったと思っていますが、「宇宙を制する者は世界を制する」ことを証明しました。

現在の地球上でも紛争が絶えません。とりわけ常態化しているのが中東の紛争です。この地に生まれた子どもたちは、産声（うぶごえ）を上げたときから硝煙（しょうえん）を吸い、爆音に晒（さら）されてきました。「世界とは野蛮なところだ」と、絶望していても仕方ありません。

つまり戦いが常態だと、彼らには平和の概念が伝わらず、だからこそ成人を待つことなく、必要に迫られて武器をとり、戦いに参加せざるを得ないのです。こうして膨大な数の難民が、地中海やアドリア海を渡って欧州に流入していますが、これが紛争の火種になり、世界は第三次世界大戦に向かって動いているかのようです。

少なくとも、ホーキング博士が危惧する地球外からの侵略よりも、地球人同士の殺し合いの危機のほうが、地球にとっては喫緊の課題だと思います。

平和国家・日本の周辺もそうです。北朝鮮は、核開発とミサイル実験に血道（ちみち）を上げています。中国の軍備増強も凄まじく、二〇一五年の国防予算は八八六八億九八〇〇万元（約一六兆九〇〇〇億円）で、前年比一〇・一％増。国防費の二桁増は五年連続でした。中国では、一九八九年以降、二〇一〇年を除いて二桁増が続いているのです。

李克強（りこくきょう）首相も政府活動報告のなかで、「軍事闘争への備えをしっかりと固め、国境・領海・領空防衛の安定を保つ」と強調しています。わが国の尖閣諸島が含まれる東シナ海や、南沙諸島の埋め立てが問題になっている南シナ海への進出は、よほどのことがない限り諦（あきら）めないでしょう。

このように、宇宙からの侵略以前に、地球人が片付けねばならない課題は多いのです。

アメリカではドナルド・トランプ氏が大統領に就任し、既成勢力は衰退しつつあるように見えます。韓国では朴槿恵（パククネ）大統領が弾劾されました。欧州ではイギリスがEUから離脱、そして各国で極右政党が躍進し、フィリピンでは麻薬犯罪者を自分の手で射殺したというロドリゴ・ドゥテルテが大統領になりました。少数の富裕層に苦しめられてきた貧困大衆が反旗を翻し始めた、ということなのでしょうか。

知的生命体は、これほど戦いを好む地球人に愛想を尽かし、嘆いているかもしれません。が、世界の富の大半を収奪している少数の勢力には、そんな声は届かないでしょう。そうなると、結果は見えています。第三次世界大戦の勃発です。

実に恐ろしいことですが、人類が目覚めない限り、それを回避するのは不可能です。ホーキング博士に盾突くようですが、知的生命体は、彼らも住む宇宙空間を勝手に汚そうとする無知な地球人に対し、警告を発しているのだと思います。それがＵＦＯの飛来という形で地球人の目に映るようになったのでしょう。

宇宙に関する国際行動規範とは

二〇一五年九月二四日、日米欧など一〇九ヵ国の多国間交渉で協議する「宇宙活動に関する国際行動規範（ＩＣＯＣ）」の原案が明らかになりました。そこには「紛争防止とともに協議システムの構築や国際法に則った解決」などが明記されています。

この国際行動規範は、二〇〇七年に中国がミサイルによる人工衛星の破壊実験を行ったことを受けたもの。宇宙空間での破壊行為や宇宙ゴミの発生を抑制するため、日米欧が早

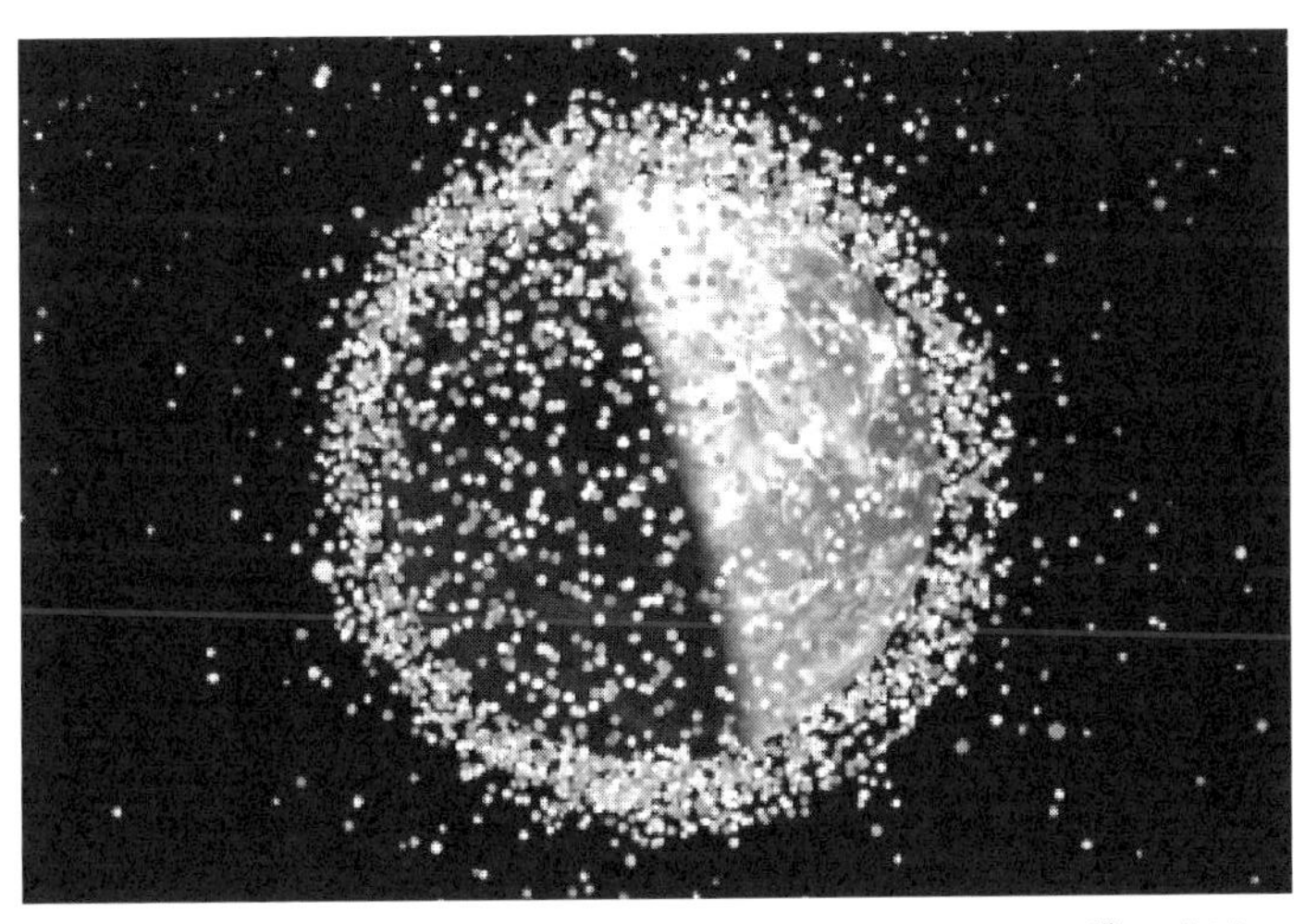

地球を覆う２万個の宇宙ゴミ（天文学者スチュアート・グレイが、1957年のスプートニクの軌道投入以降、現在までに宇宙にばらまかれた人工物の様子を公開した画像：「Engadget日本版」より）

期策定を目指してきました。政府資料によると、一般原則として宇宙の平和利用を掲げ、自衛権の行使や安全上の緊急要請を例外として、衛星などの破壊の自制を求めるためだとされます。

また、宇宙活動に関してはその報告を要求し、宇宙ゴミや衛星との衝突に関する情報共有も盛り込まれています。

中国による衛星破壊行為によって大量に発生した宇宙ゴミは、いま平和利用目的の衛星との衝突が、重大な懸案となっています。もちろん、知的生命体も怒っていることでしょう。

現在、地球上でも宇宙でも、横暴な

のは中国です。彼らは地球上の資源はもとより、宇宙の利権争奪戦に向けて貪欲に動いています。ホーキング博士がたびたび警告した「ETによる地球攻撃」よりも、知的生命体の住み家でもある宇宙に、地球人が「先制攻撃」をかけることのほうを怖れます。

中国の衛星破壊に激怒したアメリカ

地球人として宇宙人に対して「先制攻撃」をしかける国を挙げるとしたら、筆頭は、中国でしょう。たとえば二〇〇七年一月一二日、四川省西昌市付近の宇宙基地から中距離弾道ミサイルを発射して、地上約八五〇キロの宇宙空間を飛ぶ気象衛星「風雲1号C」を破壊した「実績」があるからです。

もちろんアメリカ側では、国家安全保障局（NSA）も中央情報局（CIA）も、そして国防情報局（DIA）も、その動きをつかんでいました。そして、航空専門誌「エビエーション・ウィーク」が報道したので、世界的な大ニュースになりました。

これは、アメリカにとって重大な懸念となります。

なぜか――この中国の暴挙が軍事的な対決を意味するからです。同盟国の日本としても、無関心ではいられません。

ご承知の通り、中国は専制国家であり、秘密主義の体制を堅持しています。特に軍事面での動きは秘密のベールに包まれていますから、中国の軍事力や新兵器開発に関しては、ほとんどわかりません。我が国も、しばしば中国の国防費に対し、その「透明性」を要求しています。が、まったく相手にされません。

さて、そのアメリカは中国のミサイルや潜水艦などの動向を独自に偵察しているのですが、その最大の手段が、軍事偵察衛星を使った情報収集です。

いや、偵察ばかりではなく、米軍の作戦行動も人工衛星に大幅に依存していますから、その目とでもいうべき偵察衛星が破壊されることは、軍事行動が大きく阻害されることを意味します。ですからアメリカは、中国の衛星破壊実験を、「アメリカの軍事的活動をいつでも遮断できるぞ」というシグナルだと捉えました。それが二〇〇七年の中国の「実験」だったのです。

軍事以外の領域、とりわけビジネスや金融でも、人工衛星はアメリカ国民の日常生活を支えています。いまや国家の活動に欠かせないとまでいえるのが、人工衛星なのです。

それが破壊されることは、すなわちアメリカという国家の息の根を止めることに繋がりますが、もちろん日本を含む地球上の自由主義国家にとっても、大きな痛手となります。

アメリカが激しく反発したのも頷けるでしょう。ジャーナリストの古森義久（こもりよしひさ）氏のコラムを要約して紹介します。

アメリカ上院共和党の有力議員、ジョン・カイル氏は、「中国の衛星攻撃兵器とアメリカの国家安全保障」と題する緊急演説で、次のように述べました。

「宇宙の安全は、アメリカにとって致命的な国家安全保障であり、その安全が脅かされることは、アメリカの安定そのものが危機にさらされることとなる」

「中国はアメリカの防衛の戦略的中心が宇宙や人工衛星に置かれていることを熟知したうえで、その破壊を意図し、実際の破壊能力を高めていることを、今回の実験で立証した」

「日中安保対話」で見た衝撃の写真

しかし、中国の宇宙開発に対する関心は、いまに始まったことではありません。一九五〇年六月の朝鮮戦争勃発（ぼっぱつ）まで遡（さかのぼ）ることができるのです。

このとき連合国軍最高司令官であったダグラス・マッカーサー元帥は、北朝鮮を支援するために国境周辺に集結している中共軍に対し、原爆使用をほのめかしました。これに恐怖を感じた毛沢東は、一九五五年一月の中国共産党中央委員会で、核兵器とそれに関連す

楊利偉飛行士と要人たちの集合写真

るミサイルを含めた戦略兵器の開発を宣言します。

これが、「我々は航空機や大砲だけでなく、原子爆弾も必要としている。今日のこの世界では、他国からの虐（しいた）げを回避する手段は核なくしてありえない」とする、有名な「両弾一星（原水爆と人工衛星）」宣言です。

こうして一九五六年一〇月に設立されたのが国防部第五研究所、現在の中国運載火箭技術研究院で、弾道ミサイルの開発を始めます。

翌一九五七年一〇月、ソ連が人類初の人工衛星「スプートニク一号」を打ち上げると、毛沢東は翌年、「建国一〇周年記念である一九五九年までに人工衛星を軌道上に打ち上げ、他の超大国と同等の存在になるべきだ」と宣言しました。

その後、中国は有人宇宙飛行に乗り出しました。二〇〇三年、ついに楊利偉(ようりい)飛行士を乗せた「神舟五号」の打ち上げに成功したのです。中国は、世界で三番目に、有人宇宙飛行を成し遂げた国になりました。

二〇〇七年一一月、私は上海国際問題研究所との「日中安保対話」に参加したのですが、会議終了後、揚子江上に浮かぶＶＩＰ専用遊覧船で研究所主催の歓迎会が行われました。

この船は賓客(ひんきゃく)接待用のものだそうで、ブリッジ中央には、過去にこの船に乗ったＶＩＰの写真、たとえば台湾国民党主席の連戦(れんせん)夫妻、同党（当時）の宋楚瑜(そうそゆ)夫妻など、要人の写真が掲げられていました。そして、そのなかでもひときわ異彩を放っていたのが、中国最初の有人宇宙飛行に成功した楊利偉飛行士と、それを祝福する要人たちの集合写真でした。

この事実は、いかに中国が有人宇宙飛行を誇りにしているかを示すものでしょう。それほど中国の宇宙征服に対する関心は高い。「宇宙を制する者が地球を制する」と強調する中国の姿を見せられたような気がしたものです。

宇宙開発と軍事技術は表裏一体

世界的に宇宙開発競争が過熱していることは書いてきた通りですが、二〇一七年二月二四日、中国の動向を連載していた読売新聞が、「獅子の計略＝習一強時代へ」のなかで、「（中国の）宇宙強国＝巨費を投じた宇宙開発は国際的にも存在感を急速に高めている。独自の宇宙ステーション建設に向け、今年4月に補給用の宇宙貨物船『天舟1号』を、来年にはステーションの中核船体を打ち上げる。衛星測位システム『北斗』は2020年頃に全世界をカバーする計画で、軍事的にも利用されるとみられる」と、中国の宇宙強国政策を簡単に解説したあと、第五章で私も解説した中国内陸部・貴州省の山奥に建設され、二〇一六年九月から運用が始まった世界最大の電波望遠鏡「天の眼」について、以下のように触れています。

〈サッカーコート30面分に相当する銀色の球面アンテナで、宇宙空間から発せられる電波を受信し、宇宙の起源の解明や地球外生命体の発見にも期待がかかる。

「こんなにすごい物を作れる中国を誇りに思う」同省の男性観光客（30）は目を輝かせた。

習近平国家主席が「天の眼」を通じて見つめるのは、「宇宙強国」の夢だ〉

先述の上海の船では、ブリッジ正面に、最初の宇宙飛行士の写真が大きく掲げられていました。これも国威発揚と、外国人訪問客に対する宣伝でしょう。記事はこう続きます。

〈昨年11月、各国のメディアが米大統領選での「トランプ氏当選」を一斉に報じていた頃、中国中央テレビは、習氏が右手に白い受話器を握りしめ、高度約400キロの宇宙実験室「天宮2号」で30日間滞在に挑戦していた宇宙飛行士2人をテレビ電話で激励する様子を生中継していた。飛行士らは無事帰還し、中国が2022年前後の完成を目指す独自の宇宙ステーション建設に弾みを付けた。

昨年12月に習政権が発表した「宇宙白書」には「今後5年の計画」として世界初となる月面裏側着陸や、火星着陸探査といった野心的な事業が盛り込まれた。

宇宙では長年、米露が「強国」だったが、「2030年頃には中国が世界の『宇宙強

国』に上りつめる」と中国政府高官は言い切る〉

中国の異常なまでの宇宙進出意欲がよく分かります。そして、中国の「強軍戦略」について、以下のように説明しています。

〈中国は、宇宙の平和利用を主張している。だが、宇宙開発と軍事技術は表裏一体だ。

1月中旬、北京のある会議室のほぼ中央に、軍服姿の男性が陣取った。年内に打ち上げ予定の月無人探査機「嫦娥5号」プロジェクトの副総指揮長で、軍機構改革で昨年1月に新設された「戦略支援部隊」の李尚福（りしょうふく）・副司令官だ。

中国の宇宙開発は軍が密接に関与しており、中でも戦略支援部隊は、ロケットの打ち上げや人工衛星の運用などを担当しているとみられる。人工衛星は敵の偵察だけでなく、兵器誘導や自軍への位置情報通知などに活用される。軍事筋によると、中国軍は米軍がイラク攻撃やアル・カーイダ元指導者のウサマ・ビンラーディン殺害作戦などで展開した精密誘導攻撃を参考に、人工衛星や情報通信技術を駆使した軍事行動を詳細に研究しているという。

習氏は15年秋の北京での軍事パレードで、宇宙利用が不可欠な戦略ミサイルなど最新兵器を披露する一方、17年末までに30万人の兵力削減を約束した。軍縮ではなく、削減した人件費を戦略支援部隊などの装備増強に振り向ける「強軍戦略」の一環だ〉

「宇宙開発と軍事技術は表裏一体だ」……前述したように、毛沢東は「両弾一星（原水爆と人工衛星）」事業を推進し、「人工衛星を軌道上に打ち上げることによって、他の超大国と同等の存在になる」といいました。つまりこの国は、建国以来一貫して、世界の覇権奪取を意図している。習近平政権もその方針を堅持していると見るべきですから、当然、宇宙開発イコール軍事的発展なのです。

宇宙戦争を仕掛ける中国

さて、中国が推し進める宇宙進出事業にとっての脅威とは、いったい何でしょう。それは、人工衛星やミサイルの発射基地が地方に偏在しているという地政学上の問題です。

人工衛星発射センターは、酒泉と西昌、それに太原にありますが、いずれも辺境の、独立志向が高い「異民族」の自治区に接しています。このうちの酒泉衛星発射センターはソ連の指導で建設されたもので、分離独立を要求している内モンゴル自治区と新疆（しんきょう）ウイグル自治区に接する甘粛（かんしゅく）省にあります。

当初は「東風センター」と呼ばれ、中国人民解放軍の弾道ミサイル実験場として使用されていました。中国は、二〇〇五年一〇月までに約五〇基の人工衛星を製造したといいますが、そのなかの三七基は、ここから打ち上げられたものです。

また、西昌衛星発射センターは四川省涼山イ族自治州西南部に位置していますが、ここもチベット自治区に近接しています。一九九六年二月一四日に長征３Ｂ型を打ち上げた直後には爆発事故が起きましたが、それまでの間、発射回数は二一回に及んでいます。その後、発射は再開されました。しかし発射後に一段目ロケットの残骸が落下する予想区域の村人たちは、強制的に避難させられます。村人たちの不満が高まっているようです。

そして太原衛星発射センターは、山西高原を南北に貫き黄河に流れる汾河の中流、北京と洛陽（らくよう）の中間の、非常に重要な交通の要所にあります。

いずれにせよ、民族運動などの騒乱でこの周辺が不穏になると、宇宙開発事業はストップしかねません。習政権の悩みの種といえるでしょう。

事実、北京などで大きな会議が行われるときは、当局が「最高厳戒態勢」を宣言し、大勢の警官を投じたり、装甲車を出動させたりするなど、大規模な警戒態勢を敷きます。しかし、これはテロ事件に備えるのではなく、各地から北京に入ってくる自国人民の陳情者を対象にするものだといいますから、民主主義国に暮らす私たちには理解できません。

とりわけ中国当局は、住民の不満が高まっている新疆ウイグル自治区を警戒していますから、衛星発射センターの維持管理はさらに厳しいものになることが予想されます。

国内情勢から中国政府が弱体化し、宇宙開発事業が阻害されて「宇宙戦争」が回避されるとしたら結構なことですが、それまでは気が抜けません。

また、宇宙の平和的な開発も信用できません。宇宙条約を無視して衛星破壊ミサイルを発射するなど、人民解放軍が中心になって実施しているからです。

中国は一党独裁の専制国家ですから、今後も宇宙条約を遵守（じゅんしゅ）するとは思えません。それは、現在大きな問題になっている南シナ海の領有権問題が証明しています。

二〇一六年七月一二日、「中国が南シナ海のほぼ全域の管轄権を主張していることが国際法に違反している」などとしてフィリピンが判断を求めていたオランダ・ハーグの仲裁裁判所は、中国が主張する南シナ海のほぼ全域にわたる管轄権に「法的な根拠はない」と全面的に否定しました。にもかかわらず中国は、仲裁裁判所の裁定に従う様子はいっこうにありません。この事実は、中国が国際協定などを無視する「無法者」であることをはっきりと示しています。

このように様々な実例から、私は中国が宇宙開発でイニシアティブをとった場合、必ずや宇宙戦争を仕掛けると思います。すると、地球上の混乱が宇宙にも及びます。地球人が力を合わせて中国の横暴を阻止するのか、あるいは知的生命体に協力を仰ぐのか……。

史上最大の地球外生命探査

二〇一五年七月二〇日、共同通信が「地球外生命探査の新計画…地球に近い一〇〇万の星など対象、ホーキング博士『非常に重要』と支持」と報道しました。

その五日後、産経が「『宇宙人探し』本気です！　天体からの電磁波解析…ホーキング博士も賛同」と、これを後追い記事にしました（「SANKEI EXPRESS」二〇一五年七月二五日）。

〈英国のスティーブン・ホーキング博士とロシアの大物実業家、ユーリ・ミルナー氏が20日、ロンドンで共同会見を開き、宇宙から送られてくる電磁波の中に地球へのメッセージといった文明の存在を示す信号がないかを解析する研究プロジェクトを発表した。1億ドル（約124億円）を投入し10年をかけて、地球がある銀河系内の100万個の天体と銀河系周辺の100個の銀河を対象に探査。世界中の市民科学者約900万人もボランティアで参加し宇宙人との接触を試みる。

「宇宙のどこかで知的生命体が私たちの明かりを見つめ、それが何を意味するかに気付いているかもしれない」

世界最古の科学学会であるロンドンの王立協会で会見したホーキング博士は人工音声を通じて、「ブレークスルー・リッスン」と名付けられたプロジェクトへの賛同を表明した。その上で「地球外の知的生命体の探索は21世紀の科学で最もエキサイティングな問いかけであり、その答えを見つけ出す時がきた。宇宙にはわれわれしかいないのかどうかを確かめることは重要だ」と、プロジェクトの意義を強調しています。

ミルナー氏も「現在のテクノロジーは『われわれは（宇宙で）ひとりぼっちなのか？』という人類最大の問いに答えを示す真のチャンスをもたらしてくれる」と期待を寄せた〉

そして、探査能力の劇的な向上について、以下のように続ける。

〈計画は米国とオーストラリアにある三つの電波望遠鏡を使って来年一月にスタートする。地球外知的生命体から送られてくる信号を探査するプロジェクトは一九六〇年代から断続的に行われてきたが、今回は過去最大規模になる。具体的には、望遠鏡の感度が従来の五〇倍、探査範囲は一〇倍、周波数域は五倍と飛躍的に向上。過去の探査では収集に一年かかったデータ量以上を、わずか一日で集めることができるという。

銀河系の中心部にある地球に近い環境を持つなどの約一〇〇万個の天体と、銀河系の周辺にある一〇〇個の銀河が探査対象となる〉

ロボット戦争が勃発する日

続く二〇一五年八月二日には、「『ロボット戦争』数年で現実に　AI兵器開発禁止訴え、ホーキング博士ら研究者が警告」とする記事が「産経新聞」に載りました。

ホーキング博士らの研究者グループが、「人工知能（AI）を搭載して、人間が操作しなくても自動的に敵を攻撃する兵器の開発禁止を強く訴える公開書簡を発表した」のです。書簡では、「現在のAI技術は数年内に兵器利用を実現できる水準にあり、放置すれば、この分野の軍拡競争を招き、『ロボット戦争』が起きかねない」。特に「自律型人工知能兵器は戦争において、火薬と核兵器に次ぐ『第三の革命』になる」と警告しています。

ロボット戦争の恐怖については、映画『ターミネーター』などによって世界に伝わっていますが、記事には「想像以上に間近に迫っているようだ」とあります。

書簡は、七月二八日から八月一日までアルゼンチンのブエノスアイレスで開催された国際人工知能会議（ＩＪＣＡＩ）で発表されました。

この書簡の署名者にはホーキング博士のほか、電気自動車のテスラ・モーターズや宇宙ベンチャーのスペースXを設立したイーロン・マスク氏、ＡＩ研究の第一人者であるジェフリー・ヒントン博士、アップルの共同創設者であるスティーブ・ウォズニアック氏、言語学者・社会哲学者のノーム・チョムスキー氏ら、錚々（そうそう）たる著名人が名を連ねています。

「産経新聞」の記事は、以下のように続きます。

〈ホーキング氏らはまず、「主な軍事大国でＡＩ兵器の開発を先んじて進める国があれば、世界中で開発競争が起こることは不可避だ。進歩の行く末は明らかであり、ＡＩ兵器は明日の（簡単に入手でき性能も高い）カラシニコフ銃になる」と警告。さらに「核兵器と違ってAI兵器は入手困難な原料なしで大量生産できるため、普及しやすい。闇市場に流れればテロ組織の手に渡ることが懸念される。実際に配備されてからではもう遅い。人為的な制御を施さなければ、それは数十年後といわず数年後にも可能となる」との見方を示した。

当面、AI兵器として想定されているのは、人間の遠隔操作を離れて標的の探索や攻撃判断を自ら行う小型無人機（ドローン）などだ。AI兵器が危険とされる理由には、コピーが容易で不拡散の監視が困難なことに加え、一般的に、(1)誤判断が生じ味方や無関係の市民に攻撃を加える可能性が排除できない(2)戦場で兵士が犠牲になるケースを減らすことができる一方で、却ってそのことが戦争を引き起こしやすくする──などが挙げられる。

実際には、書簡が示した懸念とは裏腹に、すでに米露ではAI兵器の開発が着手されている。ロシアでは拳銃を発砲する戦闘ロボットの開発が進められ、今年、戦闘用ヒューマノイドロボットの試作機を完成させた。米国でも国防総省傘下の国防高等研究計画局（DARPA）が、自力で判断して敵を攻撃する自律型人工知能兵器の開発を加速させているとされる〉

実に恐ろしいことですが、高度なＡＩ兵器は、人類が活動できない宇宙空間で主に使用されることになるのではないでしょうか。

第八章

地球人が始める宇宙戦争

スターリンが命じたＵＦＯ到来目的の研究

スティーブン・ホーキング博士は、宇宙人が地球を襲う可能性が高いとしましたが、その根拠はどこにあるのでしょうか？

古代から宇宙人到来説は多数存在し、人類の文化を支え発展させてきたとする説もあります。地上に残る巨大な遺跡群や数々の文明にもなにがしかの影響が残っていると考えられ、単純な「宇宙人＝侵略者」という図式は成り立ち得ない気がします。

しかも、ＵＦＯが人々の関心の的となった近代以降において、地球を攻撃してきたＥＴは存在しません。ハリウッド映画ではエイリアンと地球人との戦争が面白おかしく描かれてきましたが、現実に起こったという記録はありません。

にもかかわらず、地球人は一方的に宇宙人を危険視し、躊躇（ちゅうちょ）なく攻撃しようとしているかに見えます。そこに高名なホーキング博士までもが加わって、人類をしのぐ宇宙人は大敵だなどということについて、私は理解できません。

少なくともＵＦＯは古代遺跡などにも記録されていますし、多くの聖典にも出てきますから、人類の誕生期から地球人と宇宙人との関係があったのだと思われます。

あるいは、太古の昔には、地球人と地球人以外の知的生命体が共存していたのかもしれません。そして、その恐ろしいほどの高度な知識と技術に恐れおののいた地球人が、彼らを「神」とあがめたのです。

そしてその知的生命体は、現在残っている巨大遺跡群を作り上げ、マチュピチュのような高山都市のようなものを建築したのではないでしょうか。インカ帝国の遺跡群にも、海底に沈んだといわれるアトランティスにも、知的生命体が住み、高度な文明を誇っていた……だとすると、知的生命体が突然、地球上から消滅した謎が気になります。

私の部下の多くや仲間たちがＵＦＯを目撃していることは事実ですが、一度も襲われたことはありません。世界では、ＵＦＯと遭遇して人体実験をされた人がいるようですが、確かな証拠はあるのでしょうか。

サリバン氏がいうように、ＵＦＯには、地球人が作った高度な物体（ＡＲＶ）と、実際に宇宙から飛来する本物のＵＦＯ（ＥＴＶ）とがあると思われます。そして、地球に飛来する本物のＵＦＯには、知的生命体が実際に搭乗する物体と、単なる光体とがあり、どちらにもそれぞれ意志が感じられます。

そして、その飛来目的は、地球人と交信をすること。何かを教えるために……。

ＵＦＯ研究が進んでいるロシアＵＦＯ協会の発表によると、一九五〇年代初め、スターリンがＵＦＯの飛来目的について調査するよう、ロケット研究の第一人者、セルゲイ・コロリョフに命じました。すると、「ＵＦＯは潜在的な敵国の武器ではなく、国家に対して何らかの脅威を与えるものではない」という結論を得たといいます。

南極でＵＦＯに攻撃されたアメリカ軍

そこで思い出されるのは、バード少将の南極探険の秘話です。これが事実だとすれば、第二次世界大戦以後のアメリカが、ＵＦＯに対し異常なほど神経質になっていることの背景が分かります。

――南極探険家で有名なリチャード・イブリン・バード少将率いる、空母を含む軍艦一三隻、総勢五〇〇〇名近い兵士を抱えたアメリカ艦隊が、第二次世界大戦終結直後の一九四七年、南極探険を目的とした「ハイジャンプ作戦」を実施したときのことです。

第二次世界大戦が終結して間もないこの時期に、なぜ、このように大規模な軍隊を南極へ派遣する必要があったのか……理由は謎です。が、不思議なのは、イギリスやノルウェーの船団、そしてソ連の部隊までもが支援部隊として加わっていたことです。

そんな大部隊を出動させてまで南極を調査する目的は、いったい何だったのでしょうか。それほど強大な相手が、南極大陸に住んでいたとでもいうのでしょうか。

ところが、部隊が南極大陸に到着して調査活動を始めるやいなや、原因不明のエンジントラブルによる墜落、計器の故障、調査機が行方不明になるなど、事件が頻発します。そしてバード少将自身も、一九四七年二月一九日、数時間行方不明になりました。このときの経験を少将は議会で報告しているのですが、南極点には北極へ抜ける穴（地球の中心軸を通る空間）があり、そこには地底人、つまり知的生命体が存在した、といっています。

バード少将は、死ぬ間際に自分の体験を詳細に証言しています。その内容は、彼が数時間行方不明になっていたとき、地底世界へ迷い込み、そこで「マスター」と呼ばれる存在に遭遇した。そして、人類への警告を受けていた。そんな驚くべき記録です（「ウィキペディア」より）。

〈一九二六年五月九日に航空機による初の北極点到達を成し遂げる。使用機はフォッカー三発機「ジョセフィン・フォード」号。スピッツベルゲンのキングスベイから北極点までを一五時間で往復した。

一九二七年にはフォッカー三発機「アメリカ」号でオルティーグ賞の懸った大西洋横断飛行に挑戦するが、事故などで出発が遅れ、横断に成功(ただしノルマンディーに不時着)したのはリンドバーグの一か月以上後の六月二九日‐七月一日だった。

また、一九二九年一一月二八日から二九日にかけて、南極大陸ロス氷原のリトル・アメリカ基地から南極点までの往復と初の南極点上空飛行に成功した。乗務員はバードを含め四名。使用機はフォード4AT・三発機「フロイド・ベネット」号。飛行時間は一五時間五一分。

この南北両極への飛行成功により、国民的英雄となった。

その後、一九四六年から一九四七年にかけてのハイジャンプ作戦をはじめ、一九三九年から一九五〇年代まで五度にわたるアメリカ海軍の南極調査の指揮をとった〉(ウィキペディア)

そして彼のハイジャンプ作戦時の飛行日誌には、次のように記録されています(「黄昏怪奇譚」より)。

〈午前七時三〇分　ベースキャンプとの交信。すべて良好。
午前九時一〇分　突然、乱気流に襲われる。コンパスが効かず進路確認が不可能になる。
午前一〇時　山の向こうに草原と川を発見。マンモスと思われる大きな動物を発見。
午前一一時三〇分　前方に街を発見。操縦が効かなくなったとき、二機の奇妙な飛行物体に連れられ着陸させられる。その飛行物体にはナチスらしきマークが。
午前一一時四五分　数人の男性が機体に向かって歩いてくる。彼らは背が高く、髪はブロンドである〉

アメリカがUFOを敵視するようになった原因

この後、バード少将は、彼らに連れられ街のなかに入りますが、そこで「閣下」と呼ばれる人物と面会します。この品のある初老の男性からバード少将は、「私たちの世界（閣下の世界）」の存在を知らされ、広島・長崎に対する原爆投下への警告を受けるのです。

やがて再び、謎の飛行物体とともに帰路に就くことになりますが、日誌には「午後二時二〇分　眼下は氷と雪の世界に戻り、無線連絡も通じるようになる。帰還」とあります。

しかし、彼は生涯、軍の厳密な管理下に置かれました。南極での体験を口止めされていたのですが、この日誌の最後には、「長年、私は命令を忠実に守り、すべてを秘密にしてきたが、私がとってきた行動は私のモラルに反する。この秘密は私と一緒に葬られるのではなく、真実は明らかにされなければならない。なぜならば、私は南極にある未知の地を見たのだから」と書かれています。

結局、この「ハイジャンプ作戦」では、南極の沿岸を広い範囲にわたって航空写真で撮影することに成功し、科学的な意義は評価されました。そうして五〇〇〇名の兵士とともに撤退するのですが、船上で少将は記者会見を開き、アルゼンチンの記者の質問に、「アメリカは、敵対地域に対して、至急、防衛網を張る必要がある。次に起こる第三次世界大戦は、南極から北極までを信じられないスピードで飛ぶような兵器を持った相手と戦うことになるだろう」(一九四七年三月五日付「エル・メルキュリオ」紙、「ウィキペディア」より)と語るのです。

ところがこの率直な発言が、アメリカ首脳の不評をかったらしく、帰国したとたんに少将は、海軍病院に入院させられます。甥の話では、「南極で起こったすべての出来事は一切口外しない」という誓約書にサインさせられ、半年後に退院しましたが、彼は生涯その誓約を守ったといいます。

アメリカは、この一九四七年の南極大陸の作戦で、海中から大挙して出撃してきたＵＦＯに攻撃され、大被害を出したという信じがたい記録もあります。これが、アメリカ政府が極度なＵＦＯ秘匿主義に陥った原因。その後、ＵＦＯを敵視する政策を始めたということでしょうか。

ケネディ大統領はなぜ暗殺されたのか

軍事関係を見てみると、そこでは恐るべき情報操作が行われていることに気が付きます。東洋では、「彼（敵）を知り己を知れば百戦殆からず」という孫子の言葉が有名ですが、残念なことにわが国は、その埒外にあるようです。

とりわけ、第二次世界大戦に敗戦した日本は、いまや植民地化されてしまったかのようです。占領軍のＧＨＱは、日本に言論の自由を与えたとされていますが、実はすべての情報はＧＨＱの統制下にありました。それも実に巧妙でしたから、国民はほとんど気が付きませんでした。この巧みなやり方は、ＵＦＯや宇宙人に関する情報統制にそっくりです。

血で血を洗う国際関係……軍事力がそれを支える唯一のものであることに変わりはあり

ローレンス・ロックフェラー氏とヒラリー・クリントン（写真：karapaia.com）

ません。そこで各国は、高度な軍事力を構築するため、UFOを利用しようとしているのではないでしょうか。これほど多くの目撃証言があるにもかかわらず、世界中の政府はそれを認めず、あたかも偽情報であるかのように扱っています。

実は、二〇一六年のアメリカ大統領選挙の候補者ヒラリー・クリントンは、二〇一六年三月一七日の演説で、大統領になったときには「UFOに関する極秘文書の公開を政府に強制するとともに、エリア51の調査団を組織する」と発言しました。

そこでUFO研究家たちは、ヒラリー・クリントンが次期アメリカ大統領に当選すればエリア51やＵＦＯに関する秘密が明らかになるかもしれないと、期待していたのです。

夫である元大統領ビル・クリントンも、ＵＦＯに関する情報開示に積極的で、市民が国に対し、あらゆる情報を公開するよう求める権利を定めた法律、アメリカ情報公開法（ＦＯＩＡ）の権利を拡大しています。実際これによって、エリア51に関する機密情報を一般市民が開示請求できるようになりました。

実は、クリントン夫妻がＵＦＯやエリア51に関心を持つのは、自らの後援者であるロックフェラー財閥の故ローレンス・ロックフェラー氏（一九一〇～二〇〇四）が熱心なＵＦＯ研究家だったからだ、といわれています。

ローレンス氏が存命していたビル・クリントン政権時代、ヒラリーは、エリア51やロズウェル事件の資料を持ってローレンス氏と会っていたともいわれています。そして事実、二人が並んで歩く写真も公開されています。

しかし二〇一六年の選挙では、ヒラリー候補は、大方の予想を裏切って落選しました。まるで、ＵＦＯ情報を積極的に公開しようとしたジョン・Ｆ・ケネディ大統領が暗殺されたように……。

知的生命体が地球人を見放すとき

科学的考察から少し離れますが、神様とは、いったいどんな存在なのでしょうか？

私の友人の神主、実はこの人は東日本大震災の発生を予言した人物ですが、こういっています。

「神様っていうのは、誤った道に進むのを止めてくれる存在。大国が思いのままに、何でも金の力でどうにかしようとすると戦争になるわけだけど、そういう方向に走らないようにするのが神様。そもそも神様っていうのは、親みたいなもの。戦争を子どものケンカにたとえるなら、その子どもの成長を陰ながら見守ってくれるのが神様だ。だから、あんまり余計なことはいわないけど、ちゃんとみんなを見てくれているんだよ」

地球外生命体は、神のような存在ではないのか？

公開された「パナマ文書」を見てください。秦（しん）の始皇帝が「不老不死の薬」を求めたように、人類の欲には際限がありません。知的生命体が、そんな地球人の乱れた現状に愛想を尽かし、「ノアの方舟」のようにＵＦＯ（大型の宇宙船）で、まともな人類だけを救おうとしている……そんなふうに感じられます。

宇宙戦争のシナリオ

地球環境が人類の生存に適さなくなったら、人類は宇宙に進出せざるを得ないでしょう。というのも、核戦争が起こらないとしても、仮に福島第一原発事故の最悪シミュレーションのように、半径数百キロの地域の人間が避難しなければならない状況が発生した場合、多くの犠牲者とともに避難民が生じます。それは、内戦下のシリアからの難民どころの数ではなくなるでしょう。

チェルノブイリ原発事故では、正確な情報は隠蔽されましたし、当時のソ連国民も核に対する知識が欠如していましたから、逆にさほどの混乱は生じませんでした。しかし現在は、インターネットの普及によって、世界中の人々が情報を共有しています。そのとき世界の指導者たちは、どのような手段をとるのでしょうか。

宇宙、とりわけ月と火星に向け、各国が競って脱出を図るでしょう。火星には既に地球人のコロニーが建設されているとしたら、各国が共同して、戦力を出すかもしれません。いわば、宇宙戦争における有志連合です。こうして、宇宙戦争は、地球人が始めることになるような気がします。

第一章で引用した「ニューズウィーク日本版」の記事で、NASAのチーフサイエンティスト、エレン・ストファン氏は、「私たちの努力は、サイエンス・フィクションをサイエンス・ノンフィクションに変えるだろう」といいました。が、できれば、『スター・ウォーズ』は映画の世界だけのサイエンス・フィクションに留めておいてほしいものです。

知的生命体も、きっと、それを警告しに飛来しているのです。

おわりに――古代の神は知的生命体だったのか

一九六二年、三島由紀夫の『美しい星』が刊行されました。地球とは別の天体から飛来した宇宙人であるという意識に目覚めた一家を中心に、核兵器を持った人類の滅亡をめぐる現代的な不安をＳＦ的手法で描き、著者の抱く人類の運命に関する洞察と痛烈な現代批判に満ちた異色の思想小説でした。

ただ評論家の奥野健男は、三島が純文学に「いかがわしいもの」を持ち込んだと心配します。「明治以来の近代日本文学は、きわめて真面目であり、日常的であり、リアリズムしか信用しない伝統がある。この世にあらぬものが書かれているだけで、そっぽを向き、信用しない風潮がある。奔放な空想、荒唐無稽なことが体質的に嫌いなのである」と、真面目な文学界ではＵＦＯを信用していないと書きました。しかし最後に、「『美しい星』は、日本における画期的なディスカッション小説であり、人類の運命を洞察した思想小説であり、世界の現代文学の最前列に位置する傑作」だと激賞しました。
この小説のなかで三島は、主人公を通じて、人類が滅んだあとの墓碑銘に次のような「人類の言葉」に翻訳した文を書くとしています。

『地球なる一惑星に住める
人間なる一種族ここに眠る。
彼らはなかなか芸術家であった。
彼らは喜悦と悲嘆に同じ象徴を用いた。
彼らは他の自由を剝奪して、それによって辛うじて自分の自由を相対的に確認した。
彼らは時間を征服しえず、その代りにせめて時間に不忠実であろうと試みた。
そして時には、彼らは虚無をしばらく自分の息で吹き飛ばす術を知っていた。
　ねがわくはとこしなえなる眠りの安らかならんことを』

近年、次々と宇宙に関する情報が明らかになり、いままでばらばらになっていたＵＦＯのジグソーパズルのピースが、次々につながりだした、そんな気分になりました。

とりわけサリバン氏の直接指導の下で知的生命体とのコンタクト体験ができたのは大きな収穫で、この体験は私の人生に一大変革をもたらすものでした。

さらに、一般的にはＵＦＯの存在が否定されている世の中で、少なくとも私のなかにあった仮説、すなわち「ＵＦＯとは知的生命体の乗り物に過ぎず、古代から彼らは地球に飛来していた『天なる存在＝神』ではなかったのか？」がつながり始め、地球人とは彼ら知的生命体が創造したものではないか、とまで考えるに至ったのです。


思い出してみてください。地球は丸いことが現実的に証明されたのは、一四九二年のコロンブスのアメリカ大陸到達や、一五一九～二二年のフェルディナンド・マゼランの船団の世界周航によるものでした。それまで、われわれが住む地球は「一枚の板のようなもの」と思われていたのです。

紀元前四世紀、アリストテレスは、地球球体説を支持する物理的論拠を提出しましたが、当時は誰一人として関心を示しませんでした。その後、実に一九〇〇年余も経ってようやく、「地球が丸いこと」が実証されたのです。

アリストテレスは知的生命体から何らかの暗示を受けていたのかもしれませんが、真実が証明されるのには、それほどの時間を要するという実例でしょう。

世界遺産に登録されている古代遺跡、たとえばエジプトのピラミッドは実に不思議な存在で、加えて古代ギリシャのアクロポリスの丘の頂上にそびえる神殿など、宗教上で貴重な古代遺跡のほとんどが天に向かってそびえ立っているのはなぜでしょうか。わが国の出雲大社(いずもたいしゃ)の空中神殿も……。

古代の地球人は既に何かの存在を天空に感じており、自分たちの能力を遥かに超える知的生命体がいる世界、すなわち天空を畏怖(いふ)していたのではないかと思います。

天の偉大なる存在から何らかの知恵と真実とが届けられていた、それを天の啓示といったのではないでしょうか。

すると、このあたりで人類は、科学万能主義から一歩退き、地球人の来歴を考察してみる必要がありそうです。三島由紀夫はそれに気が付いていたからこそ、作品にしたのでしょう。「地球というかけがえのない美しい星を大切に維持するため」に。

今回は、サリバン氏をはじめ多くの方々から情報と啓発的な助言をいただきました。改めて厚くお礼申し上げます。「人生＝好奇心」だと考えている私は、この出会いを大切にしたいと思っています。

国際情勢は混沌(こんとん)として、いつどこで何が起きてもおかしくない時代を迎えています。そんな時期だからこそ、われわれが汚してしまった地球と宇宙の環境を見張っているであろう知的生命体に対し、思いを馳(は)せてみるべきであろうと思います。

二〇一七年五月

佐藤(さとう)　守(まもる)

著者略歴

佐藤守（さとう・まもる）

一九三九年、樺太に生まれる。元自衛隊空将。一九五九年、防衛大学校に入校（防大七期）。一九六三年、同校航空工学科を卒業し、航空自衛隊幹部候補生学校に入校。一九六六年、同校戦闘機課程を卒業し、第八航空団第一〇飛行隊（築城基地）に入隊。一九七五年、外務省国際連合局軍縮室に出向。一九八〇年、第七航空団第三〇五飛行隊（百里基地）隊長。一九九〇年、第三航空団司令兼三沢基地司令。一九九四年、第四航空団司令兼松島基地司令。一九九六年、南西航空混成団司令兼自衛隊沖縄連絡調整官。一九九七年、任務終了につき退官。総飛行時間三八〇〇時間、乗機した戦闘機には、F86、F104、F4、F1、F15などがある。ロシア機・中国機へのスクランブルに対応するため、現役中から諜報活動にも従事する。

著書には、『金正日は日本人だった』『実録・自衛隊パイロットたちが目撃したUFO』（講談社）などがある。

宇宙戦争を告げるUFO　知的生命体が地球人に発した警告

二〇一七年五月二五日　第一刷発行

著者――佐藤　守

カバー写真――星空ファーム久宇良、素材辞典

装幀――多田和博

発行者――鈴木　哲　**発行所**――株式会社講談社

東京都文京区音羽二丁目一二―二一　郵便番号一一二―八〇〇一

電話　編集 〇三―五三九五―三五二二　販売 〇三―五三九五―四四一五　業務 〇三―五三九五―三六一五

落丁本・乱丁本は購入書店名を明記のうえ、小社業務あてにお送りください。送料小社負担にてお取り替えいたします。
なお、この本の内容についてのお問い合わせは、第一事業局企画部あてにお願いいたします。

印刷所――慶昌堂印刷株式会社　**製本所**――株式会社国宝社

ISBN978-4-06-220595-5

定価はカバーに表示してあります。